ÉPREUVES

DE

CARACTÈRES

DE LA FONDERIE

DE P. DIGNEY

Ex-Prote des Maisons Rignoux, Jules Didot, et de la Fonderie Générale

SPÉCIALITÉ DE PETITS CARACTÈRES FRANÇAIS

FONDUS AU MOULE A LA MAIN

SAINT-GERMAIN-EN-LAYE

7, PASSAGE DES LOUVIERS, 7

PARIS, TYPOGRAPHIE DE HENRI PLON, RUE GARANCIÈRE, 8

[illegible]

AVIS

A MM. LES IMPRIMEURS.

En créant sa Fonderie hors de la capitale, M. Digney a eu pour but de faire profiter MM. les Imprimeurs des avantages qui résultent pour lui de la diminution de ses frais généraux, en prenant un moyen terme entre les fondeurs ordinaires et les moules mécaniques. En conséquence, il vient de régler ses prix de vente à 10 p. 100 au-dessous du cours ordinaire des premières maisons, tout en conservant à sa fabrication les mêmes qualités.

Ex-prote des Fonderies Jules Didot, Rignoux, et de la Fonderie générale, M. Digney ne se laissera distancer par aucun établissement, et ses produits, fondus par des ouvriers de la capitale, coupés et apprêtés par lui-même, ou par des hommes spéciaux directement sous sa surveillance, présentent un avantage réel à MM. les Imprimeurs, en même temps que sa spécialité de petits caractères est un sûr garant du soin qu'il apporte à son travail.

Malgré la diminution des prix de vente, M. Digney accorde à ses clients les mêmes conditions de règlement que les grandes maisons de Paris.

Paris. Typographie Henri Plon, rue Garancière, 8

CORPS SIX Nº 1.

Ego multos homines excellenti animo ac virtute fuisse, et sine doctrina, naturæ ipsius habitu prope divino, per seipsos et moderatos, et graves exstitisse fateor : etiam illud adjungo, sæpius ad laudem atque virtutem naturam sine doctrina, quam sine natura valuisse doctrinam. Atque idem ego contendo, cum ad naturam eximiam atque illustrem accesserit ratio quædam conformatioque doctrinæ, tum illud nescio quid præclarum singulare solere existere. Ex hoc esse hunc numero, quem patres nostri viderunt, divinum hominem, Africanum : ex hoc C. Lælium, L. Furium, moderatissimos homines et continentissimos : ex hoc fortissimum virum, et illis temporibus doctissimum, M. Catonem illum senem : qui profecto, si nihil ad percipiendam colendamque virtutem litteris adjuvarentur, nunquam se ad earum studium contulissent. Quod si non hic tantus fructus ostenderetur, et ex his studiis delectatio sola peteretur : tamen, ut opinor, hanc animi remissionem, humanissimam ac liberalissimam judicaretis. Nam cæteræ neque temporum sunt, neque ætatum omnium, neque locorum : hæc studia adolescentiam alunt, senectutem oblectant secundas res ornant, adversis perfugium ac solatium præbent, delectant domi, non impediunt foris, pernoctant nobiscum, peregrinantur ac rusticantur. Quod si ipsi hæc neque attingere, neque sensu nostro gustare possemus, tamen ea mirari deberemus, etiam cum in aliis videremus. Quis nostrum tam animo agresti ac duro fuit, ut Roscii morte nuper non commoveretur, qui cum esset senex mortuus, tamen, propter excellentem artem ac venustatem, videbatur omnino mori non debuisse. Ergo ille corporis motu tantum amorem sibi conciliarat a nobis omnibus : nos animorum incredibiles motus, celeritatemque ingeniorum negligemus. Quoties ego hunc Archiam vidi, judices utar enim vestra benignitate, quoniam me in hoc novo genere dicendi tam diligenter attenditis, quoties ego hunc vidi, cum litteram scripsisset nullam, magnum numerum optimorum versuum de his ipsis rebus, que tum agerentur, dicere ex tempore, quoties revocatum eamdem rem dicere, commutatis verbis atque sententiis. Quæ vero accurate, cogitateque scripsisset, ea sic vidi probari, ut ad veterum scriptorum laudem pervenierent, hunc non ego diligam non admirer, non omni ratione defendendum putem. Atqui sic a summis hominibus, eruditissimisque accepimus, cæterarum rerum studia, et doctrina, et præceptis, et arte constare : poetam natura ipsa valere, et mentis viribus excitari, et quasi divino quodam spiritu. Quare suo jure noster ille Ennius sanctos appellat poetas, quod quasi deorum aliquo dono atque munere commendati nobis esse videantur. sic igitur, judices, sanctum apud vos poetæ nomen, quod nulla unquam barbaria violavit, saxa et solitudines voci respondent : bestiæ sæpe immanes cantu, atque consistunt : nos instituti rebus optimis poetarum non voce moveamur, homerum Colophonii civem esse dicunt suum : Chii suum vindicant, salaminii repetunt, smirnæi vero suum esse : itaque etiam delubrum ejus in oppido delectatio sola peteretur. Quare suo jure noster Ennius sanctos appellat poetas, quod quasi deorum aliquo dono atque

Ego multos homines excellenti animo ac virtute fuisse, et sine doctrina, naturæ ipsius habitu prope divino, per seipsos et moderatos, et graves exstitisse fateor : etiam illud adjungo, sæpius ad laudem atque virtutem naturam sine doctrina, quam sine natura valuisse doctrinam. Atque idem ego contendo, cum ad naturam eximiam atque illustrem accesserit ratio quædam conformatioque doctrinæ, tum illud nescio quid præclarum singulare solere existere. Ex hoc esse hunc numero, quem patres nostri viderunt, divinum hominem, Africanum : ex hoc C. Lælium, L. Furium, moderatissimos homines et continentissimos : ex hoc fortissum virum, et illis temporibus doctissimum, M. Catonem illum senem, qui profecto, si nihil ad percipiendam colendamque virtutem litteris adjuvarentur, nunquam se ad earum studium contulissent. Quod si non hic tantus fructus ostenderetur, et ex his studiis delectatio sola peteretur : tamen, ut opinor, hanc animi remissionem, humanissimam ac liberalissimam judicaretis. Nam cæteræ neque temporum sunt, neque ætatum omnium, neque locorum : hæc studia adolescentiam alunt, senectutem oblectant, secundas res ornant, adversis perfugium ac solatium præbent, delectant domi

IMPRIMERIE. FONDERIE. 1 2 3 4 5 6 7 8 9 0.

Tamen, hanc animi remissionem, humanissimam ac liberalissimam judicaretis. Nam cæteræ neque temporum sunt, neque ætatum omnium, neque locorum : hæc studia adolescentiam alunt, senectutem oblectant, secundas res ornant, adversis perfugium ac solatium præbent, delectant domi, non impediunt foris, pernoctant nobiscum, peregrinantur. Quod si ipsi hæc neque attingere, neque sensu nostro gustare pos

Fonderie de P. Digney, rue de la Salle, 24. Saint-Germain-en-Laye.

Paris Typographie Henri Plon, rue Garancière, 8

CORPS SIX No 2

Ego multos homines excellenti animo ac virtute fuisse, et sine doctrina, naturæ ipsius habitu prope divino per seipsos et moderatos, et graves extitisse fateor : etiam illud adjungo sæpius ad laudem atque virtutem naturam sine doctrina, quam sine natura valuisse doctrinam. Atque idem ego contendo, cum ad naturam eximiam atque illustrem accesserit ratio quædam conformatioque doctrinæ, tum illud nescio quid præclarum ac singulare solere existere. Ex hoc esse hunc numero, quem patres nostri viderunt, divinum hominem, Africanum : ex hoc C. Lælium, L. Furium, moderatissimos homines et continentissimos : ex hoc fortissimum virum, et illis temporibus doctissimum, M. Catonem illum senem, qui profecto, si nihil ad percipiendam colendamque virtutem litteris adjuvarentur, unquam se ad earum studium contulissent. Quod si non hic tantus fructus ostenderetur, et ex his studiis delectatio sola peteretur : tamen, ut opinor, hanc animi remissionem, humanissimam ac liberalissimam judicaretis. Nam cæteræ neque temporum sunt, neque ætatum omnium, neque locorum : hæc studia adolescentiam alunt, senectutem oblectant, secundas res ornant, adversis perfugium ac solatium præbent, delectant domi, non impediunt foris, pernoctant nobiscum, peregrinantur ac rusticantur. Quod si ipsi hæc neque attingere, neque sensu nostro gustare possemus, tamen ea mirari deberemus, etiam cum aliis videremus. Quis nostrum tam animo agresti ac duro fuit, ut Roscii morte nuper non commoveretur, qui cum esset senex mortuus, tamen, propter excellentem artem ac venustatem, videbatur omnino mori non debuisse. Ergo ille corporis motu tantum amorem sibi conciliarat a nobis omnibus : nos animarum incredibiles motus, celeritatemque ingeniorum negligemus. Quoties ego hunc Archiam vidi, judices, utar enim vestra benignitate quoniam me in hoc novo genere dicendi tam diligenter attenditis, quoties ego hunc vidi, cum litteram scripsisset nullam, magnum numerum optimorum versuum de his ipsis rebus, quæ tum agerentur, dicere ex tempore, quoties revocatum eamdem rem dicere, commutatis verbis ac sententiis. Quæ vero accurate, cogitateque scripsisset, ea sic vidi probari, ut ad veterum scriptorum laudem pervenierunt. hunc non ego diligam, non admirer, non omni ratione defendendum putem. Atqui sic a summis hominibus, eruditissimisque accepimus, cæterarum rerum studia, et doctrina, et præceptis, et arte constare : poetam natura ipsa valere, et mentis viribus excitari, et quasi divino quodam spiritu. Quare suo jure noster ille Ennius sanctos appellat poetas, quod quasi deorum aliquo dono atque munere commendati nobis esse videantur. sic igitur, judices, sanctum apud vos poetæ nomen, quod nulla unquam baria violavit, saxa et solitudines voci respondent : bestiæ sæpe immanes cantu, atque consistunt.

Ego multos homines excellenti animo ac virtute fuisse, et sine doctrina, naturæ ipsius habitu prope divino, per seipsos et moderatos, et graves exstitisse fateor : etiam illud adjungo, sæpius ad laudem atque virtutem naturam sine doctrina, quam sine natura valuisse doctrinam. Atque idem ego contendo, cum ad naturam eximiam atque illustrem accesserit ratio quædam conformatioque doctrinæ tum illud nescio quid præclarum ac singulare solere existere. Ex hoc esse hunc numero, quem patres nostri viderunt, divinum hominem, Africanum : ex hoc C. Lælium, L. Furium, moderatissimos homines et continentissimos : ex hoc fortissimum virum, et illis temporibus doctissimum, M. Catonem illum senem, qui profecto, si nihil ad percipiendam colendamque virtutem litteris adjuvarentur, nunquam se ad earum studium contulissent. Quod si non hic tantus fructus ostenderetur, et ex his studiis delectatio sola peteretur : tamen, ut opinor, hanc animi remissionem, humanissimam ac liberalissimam judicaretis. Ergo ille corporis motu tantum amorem sibi conciliarat a nobis omnibus : nos

IMPRIMERIE. FONDERIE. 1 2 3 4 5 6 7 8 9 0.

Tamen, hanc animi remissionem, humanissimam ac liberalissimam judicaretis. Nam cæteræ neque temporum sunt, neque ætatum omnium, neque locorum : hæc studia adolescentiam alunt, senectutem oblectant, secundas res ornant, adversis perfugium ac solatium præbent, delectant domi, non impediunt foris, pernoctant nobiscum. Quod si ipsi hæc ea mirari deberemus, etiam cum aliis videremus. Quis tam pos

Fonderie de P. Dignex, rue de la Salle, 24 Saint-Germain-en-Laye

Paris. Typographie Henri Plon, rue Garancière, 8.

CORPS SIX Nº 3.

Ego multos homines excellenti animo ac virtute fuisse, et sine doctrina, naturæ
ipsius habitu prope divino per seipsos et moderatos, et graves exstitisse fateor :
etiam illud adjungo sæpius ad laudem atque virtutem naturam sine doctrina, quam
sine natura valuisse doctrinam. Atque idem ego contendo, cum ad naturam exi
miam atque illustrem accesserit ratio quædam conformatioque doctrinae, tum illud
nescio quid praeclarum ac singulare solere existere. Ex hoc esse hunc numero,
quem patres nostri viderunt, divinum hominem, Africanum : ex hoc C. Lælium, L.
Furium, moderatissimos homines et continentissimos : ex hoc fortissimum virum,
et illis temporibus doctissimum, M. Catonem illum senem, qui profecto, si nihil ad
percipiendam colendamque virtutem litteris adjuvarentur, nunquam se ad earum
studium contulissent. Quod si non hic tantus fructus ostenderetur, et ex his studiis
delectatio sola peteretur : tamen ut opinor, hanc animi remissionem, humanissi
mam ac liberalissimam judicaretis. Nam cæteræ neque temporum sunt, neque æta
tum omnium, neque locorum : hæc studia adolescentiam alunt, senectutem oblec
tant, secundas res ornant, adversis perfugium ac solatium præbent, delectant domi
non impediunt foris, pernoctant nobiscum, peregrinantur ac rusticantur. Quod si
ipsi hæc neque attingere, neque sensu nostro gustare possemus, tamen ea mirari
deberemus, etiam cum aliis videremus. Quis nostrum tam animo agresti ac duro
fuit, ut Roscii morte nuper non commoveretur, qui cum esset senex mortuus, ta
men, propter exellentem artem ac venustatem, videbatur omnino mori non debuis
se. Ergo ille corporis motu tantum amorem sibi conciliarat a nobis omnibus : nos
animarum incredibiles motus celeritatemque ingeniorum negligemus. Quoties ego
hunc Archiam vidi, judices, utar enim vestra benignitate, quoniam me in hoc novo
genere dicendi tam diligenter attenditis, quoties ego hunc vidi, cum litteram scrip
sisset nullam, magnum numerum optimorum versuum de his ipsis rebus, quæ tum
agerentur, dicere ex tempore, quoties revocatum eamdem rem dicere, commutatis
verbis atque sententiis. Quæ vero accurate, cogitateque scripsisset, ea sic vidi pro
bari, ut ad veterum scriptorum laudem pervenierent, hunc non ego diligam, non
admirer, non omni ratione defendendam putem. Atqui sic a summis hominibus, eru
ditissimisque accepimus, cæterarum rerum studia, et doctrina, et præceptis, et ar
te constare : poetam natura ipsa valere, et mentis viribus excitari, et quasi divino
quodam spiritu. Quare suo jure noster ille Ennius sanctos appellat poetas, quod
quasi deorum aliquo dono atque munere commendati nobis esse videantur, sic igi
tur, judices, sanctum apud vos poetæ nomen, quod nulla unquam barbaria violavit,

Ego multos homines excellenti animo ac virtute fuisse, et sine doctrina, naturæ
ipsius habitu prope divino per seipsos et moderatos, et graves exstitisse fateor :
etiam illud adjungo sæpius ad laudem atque virtutem naturam sine doctrina, quam
sine natura valuisse doctrinam. Atque idem ego contendo, cum ad naturam exi
miam atque illustrem accesserit ratio quædam conformatioque doctrinæ, tum illud
nescio quid præclarum ac singulare solere existere. Ex hoc esse hunc numero,
quem patres nostri viderunt, divinum hominem, Africanum : ex hoc C. Lælium, L.
Furium, moderatissimos homines et continentissimos : ex hoc fortissimum virum,
et illis temporibus doctIssimum, M. Catonem illum senem, qui profecto, si nihil ad
percipiendam colendamque virtutem litteris adjuvarentur, nunquam se ad earum
studium contulissent. Quod si non hic tantus fructus ostenderetur, et ex his studiis
delectatio sola peteretur : tamen, ut opinor, hanc animi remissionem humanissi
mam ac liberalissimam judicaretis. Nam cæteræ neque temporum sunt, neque æta

IMPRIMERIE. FONDERIE. 1 2 3 4 5 6 7 8 9 0.

*Tamen, hanc animi remissionem, humanissimam ac liberalissimam judicaretis.
Nam cæteræ neque temporum sunt, neque ætatum omnium, neque locorum : hæc stu
dia adolescentiam alunt, senectutem oblectant, secundas res ornant, adversis perfu
gium ac solatium præbent, delectant domi, non impediunt foris, pernoctant nobis
cum peregrinantur. Quod si ipsi hæc neque attingere, neque sensu nostro gustare pos*

Fonderie de P. Dignev, rue de la Salle, 24 Saint-Germain-en-Laye

Paris. Typographie Henri Plon, rue Garancière, 8.

CORPS SEPT N° 1.

Ego multos homines excellenti animo ac virtute fuisse, et sine doctrina, naturæ
ipsius habitu prope divino per seipsos et moderatos, et graves exstitisse fateor :
etiam illud adjungo sæpius ad laudem atque virtutem naturam sine doctrina, quam
sine natura valuisse doctrinam. Atque idem ego contendo, cum ad naturam eximiam
atque illustrem accesserit ratio quædam conformatioque doctrinæ, tum illud nescio
quid præclarum ac singulare solere existere. Ex hoc esse hunc numero, quem patres
nostri viderunt, divinum hominem, Africanum : ex hoc C. Lælium, L. Furium, mo
deratissimos homines et continentissimos : ex hoc fortissimum virum, et illis tempo
ribus doctissimum, M. Catonem illum senem, profecto, si nihil ad percipiendam co
lendamque virtutem litteris adjuvarentur, nunquam se ad earum studium contulis
sent. Quod si non hic tantus fructus ostenderetur, et ex his studiis delectatio sola pe
teretur : tamen, ut opinor, hanc animi remissionem, humanissimam ac liberalissi
mam judicaretis. Nam cæteræ neque temporum sunt, neque ætatum omnium, ne
que locorum : hæc studia adolescentiam alunt, senectutem oblectant, secundas res
ornant, adversis perfugium ac solatium præbent, delectant domi, non impediunt fo
ris, pernoctant nobiscum, peregrinantur ac rusticantur. Quod si ipsi hæc neque at
tingere, neque sensu nostro gustare possemus, tamen ea mirari deberemus, etiam
cum aliis videremus. Quis nostrum tam animo agresti ac duro fuit, ut Roscii morte
nuper non commoveretur, qui cum esset senex mortuus, tamen propter excellentem
artem ac venustatem, videbatur omnino mori non debuisse. Ergo ille corporis motu
tantum amorem sibi conciliarat a nobis omnibus : nos animarum incredibiles motus
celeritatemque ingeniorum negligemus. Quoties ego hunc Archiam vidi, judices,
utar enim vestra benignitate, quoniam me in hoc novo genere dicendi tam diligen
ter attenditis, quoties ego hunc vidi, cum litteram scripsisset nullam, magnum nu
merum optimorum versuum de his ipsi rebus, quæ tum agerentur, dicere ex tempo
re, quoties revocatum eamdem rem dicere, commutatis verbis ac sententiis. Quæ ve
ro accurate, cogitateque scripsisset, ea sic vidi probari, ut ad veterum scriptorum
laudem pervenierunt, hunc non ego diligam, non admirer, non omni ratione defen
dendum putem. Atqui sic a summis hominibus, eruditissimisque accepimus, cætera
rum rerum studia, et doctrina, et præceptis, et arte constare : poetam natura ipsa va

Ego multos homines excellenti animo ac virtute fuisse, et sine doctrina naturæ
ipsius habitu prope divino per seipsos et moderatos, et graves exstitisse fateor :
etiam illud adjungo sæpius ad laudem atque virtutem naturam sine doctrina, quam
sine natura valuisse doctrinam. Atque idem ego contendo, cum ad naturam eximiam
atque illustrem accesserit ratio quædam conformatioque doctrinæ, tum illud nescio
quid præclarum ac singulare solere existere. Ex hoc esse hunc numero, quem patres
nostri viderunt, divinum hominem, Africanum : ex hoc C. Lælium, L. Furium, mo
deratissimos homines et continentissimos : ex hoc fortissimum virum, et illis tempo
ribus doctissimum, M. Catonem illum senem, qui profecto, si nihil ad percipiendam
colendamque virtutem litteris, adjuvarentur, nunquam se ad earum studium contu
lissent. Quod si non hic tantus fructus ostenderetur, et ex his studiis delectatio sola

IMPRIMERIE. FONDERIE. 1 2 3 4 5 6 7 8 9 0.

*Tamen, hanc animi remissionem, humanissimam ac liberalissimam judicaretis.
Nam cæteræ neque temporum sunt, neque ætatum omnium, neque locorum : hæc stu
dia adolescentiam alunt, senectutem oblectant, secundas res ornant, adversis perfu
gium ac solatium præbent, delectant domi, non impediunt foris, pernoctant nobis
cum, peregrinantur. Quod si ipsi hæc neque attingere, neque sensu nostro gustare*

Fonderie de P. Digney, rue de la Salle, 24. Saint-Germain-en-Laye.

Paris. Typographie Henri Plon, rue Garancière, 8.

CORPS SEPT N° 2.

Ego multos homines excellenti animo ac virtute fuisse, et sine doctrina, na
turæ ipsius habitu prope divino per seipsos et moderatos, et graves exstitisse
fateor : etiam illud adjungo sæpius ad laudem atque virtutem naturam sine
doctrina, quam sine natura valuisse doctrinam. Atque idem ego contendo,
cum ad naturam eximiam atque illustrem accesserit ratio quædam conforma
tioque doctrinæ, tum illud nescio quid præclarum ac singulare solere existere.
Ex hoc esse hunc numero, quem patres nostri viderunt, divinum hominem,
Africanum : ex hoc C. Lælium, L. Furium, moderatissimos homines et conti
nentissimos : ex hoc fortissimum virum, et illis temporibus doctissimum,
M. Catonem illum senem, qui profecto, si nihil ad percipiendam colendamque
virtutem litteris adjuvarentur, nunquam se ad earum studium contulissent.
Quod si non hic tantus fructus ostenderetur, et ex his studiis delectatio sola
peteretur : tamen, ut opinor, hanc animi remissionem, humanissimam ac libe
ralissimam judicaretis. Nam cæteræ neque temporum sunt, neque ætatum om
nium neque locorum : hæc studia adolescentiam alunt, senectutem oblectant,
secundas res ornant, adversis perfugium ac solatium præbent, delectant domi,
non impediunt foris, pernoctant nobiscum, peregrinantur ac rusticantur.
Quod si ipsi hæc neque attingere, neque sensu nostro gustare possemus, ta
men ea mirari deberemus, etiam cum aliis videremus. Quis nostrum tam ani
mo agresti ac duro fuit, ut Roscii morte nuper non commoveretur, qui cum
esset senex mortuus, tamen, propter excellentem artem ac venustatem, videba
tur omnino mori non debuisse. Ego ille corporis motu tantum amorem sibi
conciliarat a nobis omnibus : nos animarum incredibiles motus, celeritatem
que ingeniorum negligemus. Quoties ego hunc Archiam vidi, judices, utar
enim benignitate, quoniam me in hoc novo genere dicendi tam diligenter atten
ditis, quoties ego hunc vidi, cum litteram scripsisset nullam, magnum nume
rum optimorum versuum de ipsis rebus, quæ tum agerentur, dicere ex tempo
re, quoties revocatum eamdem rem dicere, commutatis verbis ac sententiis.
Quæ vero accurate, cogitateque scripsisset, ea sic vidi probari, ut ad veterum
scriptorum laudem pervenierunt, hunc non ego diligam non admirer, non

Ego multos homines excellenti animo ac virtute fuisse, et sine doctrina, na
turæ ipsius habitu prope divino per seipsos et moderatos, et graves exstitisse
fateor ; etiam illud adjungo sæpius ad laudem atque virtutem naturam sine
doctrina, quam sine natura valuisse doctrinam. Atque idem ego contendo,
cum ad naturam eximiam atque illustrem accesserit ratio quædam conforma
tioque doctrinæ, tum illud nescio quid præclarum ac singulare solere existere.
Ex hoc esse hunc numero, quem patres nostri viderunt, divinum hominem,
Africanum : ex hoc C. Lælium, L. Furium, moderatissimos homines et conti
nentissimos : ex hoc fortissimum virum, et illis temporibus doctissimum,
M. Catonem illum senem, qui profecto, si nihil ad percipiendam colendamque
virtutem litteris adjuvarentur, nunquam se ad earum studium contulissent.

IMPRIMERIE. FONDERIE. 1 2 3 4 5 6 7 8 9 0.

*Tamen, hanc animi remissionem, humanissimam ac liberalissimam judicare
tis. Nam cæteræ neque temporum sunt, neque ætatum omnium, neque locorum
hæc studia adolescentiam alunt, senectutem oblectant, secundas res ornant, ad
versis perfugium ac solatium præbent, delectant domi, non impediunt foris, per
noctant nobiscum, peregrinantur. Quod si ipsi hæc neque attingere, neque sensu*

Fonderie de P. Digney, rue de la Salle, 24. Saint-Germain-en-Laye.

Paris. Typographie Henri Plon, rue Garancière, 8.

CORPS SEPT N° 3.

Ego multos homines excellenti animo ac virtute fuisse, et sine doctrina.
naturæ ipsius habitu prope divino per seipsos et moderatos, et graves exsti
tisse fateor : etiam illud adjungo sæpius ad laudem atque virtutem naturam
sine doctrina, quam sine natura valuisse doctrinam. Atque idem ego conten
do, cum ad naturam eximiam atque illustrem accesserit ratio quædam con
formatioque doctrinæ, tum illud nescio quid præclarum ac singulare solere
existere. Ex hoc esse hunc numero, quem patres nostri viderunt, divinum
hominem. Africanum : ex hoc C. Lælium, L. Furium, moderatissimos homi
nes et continentissimos : ex hoc fortissimum virum, et illis temporibus doc
tissimum, M. Catonem illum senem, qui profecto, si nihil ad percipiendam
colendamque virtutem litteris adjuvarentur, nunquam se ad earum studium
contulissent. Quod si non hic tantus fructus ostenderetur, et ex his studiis
delectatio sola peteretur : tamen, ut opinor, hanc animi remissionem huma
nissimam ac liberalissimam judicaretis. Nam cæteræ neque temporum sunt,
neque ætatum omnium, neque locorum : hæc studia adolescentiam alunt,
senectutem oblectant, secundas res ornant, adversis perfugium ad solatium
præbent, delectant domi, non impediunt foris, pernoctant nobiscum, pere
grinantur ac rusticantur. Quod si ipsi hæc neque attingere, neque sensu nos
tro gustare possemus, tamen ea mirari deberemus, etiam cum aliis videre
mus. Quis nostrum tam animo agresti ac duro fuit, ut Roscii morte nuper
non commoveretur, qui cum esset senex mortuus, tamen, propter excellen
tem artem ac venustatem, videbatur omnino mori non debuisse. Ergo ille
corporis motu tantum amorem sibi conciliarat a nobis omnibus : nos anima
rum incredibiles motus, celeritatemque ingeniorum negligemus. Quoties ego
hunc Archiam vidi, judices, utar enim vestra benignitate, quoniam me in
hoc novo genere dicendi tam diligenter attenditis, quoties ego hunc vidi,
cum litteram scripsisset nullam, magnum numerum optimorum versuum
de his ipsis rebus, quæ tum agerentur, dicere ex tempore, quoties revoca
tum eamdem rem dicere, commutatis verbis atque sententiis. Quæ vero ac
curate, cogitateque scripsisset, ea sic vidi probari, ut ad veterum scripto

Ego multos homines excellenti animo ac virtute fuisse, et sine doctrina.
naturæ ipsius habitu prope divino per seipsos et moderatos, et graves exsti
tisset fateor : etiam illud adjungo sæpius ad laudem atque virtutem naturam
sine doctrina, quam sine natura, valuisse doctrinam. Atque idem ego conten
do, cum ad naturam eximiam atque illustrem accesserit ratio quædam con
formatioque illud nescio quid præclarum ac singulare solere. Ex hoc esse
hunc numero, quem divinum hominem, Africanum : ex hoc C. Lælium, L.
Furium, homines : ex hoc virum, illis M. Catonem illum senem, qui si nihil
ad percipiendam quod si non hic ex his sola opinor, hanc neque secundas

IMPRIMERIE. FONDERIE. 1 2 3 4 5 6 7 8 9 0.

*Tamen, hanc animi remissionem, humanissimam ac liberalissimam judicare
tis. Nam cæteræ neque temporum sunt, neque ætatum omnium, neque locorum
hæc studia adolescentiam alunt, senectutem oblectant, secundas res ornant, ad
versis perfugium ac solatium præbent, delectant domi, non impediunt foris, per
noctant nobiscum, peregrinantur. Quod si ipsi hæc neque attingere, neque sensu
nostro gustare possemus, tamen ea mirari deberemus, etiam cum aliis videre
mus. Quis nostrum tam animo agresti ac duro fuit, morte nuper non commove*

Fonderie de P. Digney, rue de la Salle, 24. Saint-Germain-en-Laye.

Paris. Typographie Henri Plon, rue Garancière, 8.

CORPS SEPT Nº 4.

Ego multos homines excellenti animo ac virtute fuisse, et sine doctrina, naturæ ipsius habitu prope divino per seipsos et moderatos, et graves exstitisse fateor : etiam illud adjungo sæpius ad laudem atque virtutem naturam sine doctrina, quam sine natura valuisse doctrinam. Atque idem ego contendo, cum ad naturam eximiam atque illustrem accesserit ratio quædam conformatioque doctrinæ, tum illud nescio quid præclarum ac singulare solere existere. Ex hoc esse hunc numero quem patres nostri viderunt, divinum hominem, Africanum : Ex hoc C. Lælium, L. Furium, moderatissimos homines et continentissimos : ex hoc fortissimum virum, et illis temporibus doctissimum, M. Catonem illum senem, qui profecto, si nihil ad percipiendam colendamque virtutem litteris adjuvarentur, nunquam se ad earum studium contulissent. Quod si non hic tantus fructus ostenderetur, et ex his studiis delectatio peteretur : tamen, ut opinor, hanc animi remissionem, humanissimam ac liberalissimam judicaretis. Nam cæteræ neque temporum sunt, neque ætatum omnium, neque locorum : hæc studia adolescentiam alunt, senectutem oblectant, secundas res ornant, adversis perfugium ac solatium præbent, delectant domi, non impediunt foris, pernoctant nobiscum, peregrinantur ac rusticantur. Quod si ipsi hæc neque attingere, neque sensu nostro gustare possemus, tamen ea mirari deberemus, etiam cum aliis videremus. Quis nostrum tam animo agresti ac duro fuit, ut Roscii morte nuper non commoveretur, qui cum esset senex mortuus, tamen, propter excellentem artem ac venustatem, videbatur omnino mori non debuisse. Ergo ille corporis motu tantum amorem sibi conciliarat a nobis omnibus : nos animarum incredibiles motus, celeritatemque ingeniorum negligemus. Quoties ego hunc Archiam vidi, judices, utar enim vestra benignitate, quoniam me in hoc novo genere dicendi tam diligenter attenditis, quoties ego hunc vidi, cum litteram scripsisset nullam, magnum numerum optimorum versuum de his ipsis rebus, quæ tum agerentur, dicere ex tempore, quoties revocatum eamdem rem dicere, commutatis verbis atque sententiis. Quæ vero accurate, cogitateque scripsisset, ea sic vidi probari, ut ad veterum scriptorum laudem pervenirent. hunc non ego diligam, non admirer, non omni ratione defendendum putem. Atqui sic a summis hominibus, eruditissimisque accepimus, cæterarum re

Ego multos homines excellenti animo ac virtute fuisse, et sine doctrina, naturæ ipsius habitu prope divino per seipsos et moderatos, et graves exstitisse fateor : etiam illud adjungo sæpius ad laudem atque virtutem naturam sine doctrina, quam sine natura valuisse doctrinam. Atque idem ego contendo, cum ad naturam eximiam atque illustrem accesserit ratio quædam conformatioque doctrinæ, tum illud nescio quid præclarum ac singulare solere existere. Ex hoc esse hunc numero quem patres nostri viderunt, divinum hominem, Africanum : ex hoc C. Lælium, L. Furium, moderatissimos homines et continentissimos : ex hoc fortissimum virum, et illis temporibus doctissimum, M. Catonem illum senem, qui profecto, si ad colendamque virtutem adjuvarentur, nunquam se ad earum. Quod non tantus fructus sola hanc ac alunt, nostro a non ornant, sunt naturæ cum ad prope per ac

IMPRIMERIE. FONDERIE. 1 2 3 4 5 6 7 8 9 0.

Tamen, hanc animi remissionem, humanissimam ac liberalissimam judicaretis. Nam cæteræ neque temporum sunt, neque ætatum omnium, neque locorum : hæc studia adolescentiam alunt, senectutem oblectant, secundas res ornant, adversis perfugium ac solatium præbent, delectant domi, non impediunt foris, pernoctant nobiscum, peregrinantur. Quod si ipsi hæc neque attingere, neque sensu nostro gustare

Fonderie de P. Bigney, rue de la Salle, 24. Saint-Germain-en-Laye.

Paris. Typographie Henri Plon, rue Garancière, 8

CORPS HUIT N° 1.

Ego multos homines excellenti animo ac virtute fuisse, et sine doctrina, naturæ ipsius habitu prope divino per seipsos et moderatos, et graves exstitisse fateor : etiam illud adjungo sæpius ad laudem atque virtutem naturam sine doctrina, quam sine natura valuisse doctrinam. Atque idem ego contendo, cum ad naturam eximiam atque illustrem accesserit ratio quædam conformatioque doctrinæ, tum illud nescio quid præclarum ac singulare solere existere. Ex hoc esse hunc numero, quem patres nostri viderunt, divinum hominem, Africanum : ex hoc C. Lælium, L. Furium, moderatissimos homines et continentissimos : ex hoc fortissimum virum, et illis temporibus doctissimum, M. Catonem illum senem, qui profecto, si nihil ad percipiendam colendamque virtutem litteris adjuvarentur, nunquam se ad earum studium contulissent. Quod si non hic tantus fructus ostenderetur, et ex his studiis delectatio sola peteretur : tamen, ut opinor, hanc animi remissionem, humanissimam ac liberalissimam judicaretis. Nam cæteræ neque temporum sunt, neque ætatum omnium neque locorum : hæc studia adolescentiam alunt, senectutem oblectant, secundas res ornant, adversis perfugium ac solatium præbent, delectant domi, non impediunt foris, pernoctant nobiscum, peregrinantur ac rusticantur. Quod si ipsi hæc neque attingere, neque sensu nostro gustare possemus, tamen ea mirari deberemus, etiam cum aliis videremus. Quis nostrum tam animo agresti ac duro fuit, ut Roscii morte nuper non commoveretur, qui cum esset senex mortuus, tamen, propter exellentem artem ac venustatem, videbatur omnino mori non debuisse. Ego ille corporis motu tantum amorem sibi conciliarat a nobis omnibus : nos animarum incredibiles motus, celeritatemque ingeniorum negligemus. Quoties ego hunc Archiam vidi, judices, utar enim vestra benignitate, quoniam me in hoc novo genere dicendi tam diligenter attenditis, quoties ego hunc vidi, cum litteram scripsisset nul

Ego multos homines excellenti animo ac virtute fuisse, et sine doctrina, naturæ ipsius habitu prope divino, per seipsos et moderatos, et graves exstitisse fateor : etiam illud adjungo, sæpius ad laudem atque virtutem naturam sine doctrina, quam sine natura valuisse doctrinam. Atque idem ego contendo, cum ad naturam eximiam atque illustrem accesserit ratio quædam conformatioque doctrinæ, tum illud nescio quid præclarum ac singulare solere existere. Ex hoc esse hunc numero, quem patres nostri viderunt, divinum hominem, Africanum : ex hoc C. Lælium, L. Furium, moderatos

IMPRIMERIE. FONDERIE. 1 2 3 4 5 6 7 8 9 0.

Tamen, hanc animi remissionem, humanissimam ac liberalissimam judicaretis. Nam cæteræ neque temporum sunt, neque ætatum omnium, neque locorum : hæc studia adolescentiam alunt, senectutem oblectant, secundas res ornant, adversis perfugium ac solatium præbent, delectant domi, non impediunt foris, pernoctant nobiscum, peregrinantur. Quod si ipsi hæc

Fonderie de P. Dugney, rue de la Salle, 24. Saint-Germain-en-Laye.

Paris. Typographie Henri Plon, rue Garancière, 8.

CORPS HUIT N° 2.

Ego multos homines excellenti animo ac virtute fuisse, et sine doctrina, naturæ ipsius habitu prope divino per seipsos et moderatos, et graves extistisse fateor : etiam illud adjungo sæpius ad laudem atque virtutem naturam sine doctrina, quam sine natura valuisse doctrinam. Atque idem ego contendo, cum ad naturam eximiam atque illustrem accesserit ratio quædam conformatioque doctrinæ, tum illud nescio quid præclarum ac singulare solere existere. Ex hoc esse hunc numero, quem patres nostri viderunt, divinum hominem, Africanum : ex hoc C. Lælium, L. Furium, moderatissimos homines et continentissimos : ex hoc fortissimum virum, et illis temporibus doctissimum, M. Catonem illum senem, profecto, si nihil ad percipiendam colendamque virtutem litteris adjuvarentur, nunquam se ad earum studium contulissent. Quod si non hic tantus fructus ostenderetur, et ex his studiis delectatio sola peteretur : tamen, ut opinor, hanc animi remissionem, humanissimam ac liberalissimam judicaretis. Nam cæteræ neque temporum sunt, neque ætatum omnium, neque locorum : hæc studia adolescentiam alunt, senectutem oblectant, secundas res ornant, adversis perfugium ac solatium præbent, delectant domi, non impediunt foris, pernoctant nobiscum, peregrinantur ac rusticantur. Quod si ipsi hæc neque attingere, neque sensu nostro gustare possemus, tamen ea mirari deberemus, etiam cum aliis videremus. Quis nostrum tam animo agresti ac duro fuit, ut Roscii morte nuper non commoveretur, qui cum esset senex mortuus, tamen, propter excellentem artem ac venustatem, videbatur omnino mori non debuisse. Ergo ille corporis motu tantum amorem sibi conciliarat a nobis omnibus : nos animarum incredibiles motus, celeritatemque ingeniorum negligemus. Quoties ego hunc Archiam vidi, judices, utar enim vestra benignitate, quoniam

Ego multos homines excellenti animo ac virtute fuisse, et sine doctrina naturæ ipsius habitu prope divino, per seipsos et moderatos, et graves exstitisse fateor : etiam illud adjungo, sæpius ad laudem atque virtutem naturam sine doctrina, quam sine natura valuisse doctrinam. Atque idem ego contendo, cum ad naturam eximiam atque illustrem accesserit ratio quædam conformatioque doctrinæ, tum illud nescio quid præclarum ac singulare solere existere. Ex hoc esse hunc numero, quem patres nostri viderunt, divinum hominem, Africanum :

IMPRIMERIE. FONDERIE. 1 2 3 4 5 6 7 8 9 0.

Tamen, hanc animi remissionem, humanissimam ac liberalissimam judicaretis. Nam cæteræ neque temporum sunt, neque ætatum omnium, neque locorum : hæc studia adolescentiam alunt, senectutem oblectant, secundas res ornant, adversis perfugium ac solatium præbent, delectant domi, non impediunt foris, pernoctant nobiscum, peregrinantur. Quod

Paris, Typographie Henri Plon, rue Garancière, 8.

CORPS HUIT N° 3.

Ego multos homines excellenti animo ac virtute fuisse, et sine doctrina, naturæ ipsius habitu prope divino per seipsos et moderatos, et graves exsti tisse fateor : etiam illud adjungo sæpius ad laudem atque virtutem naturam sine doctrina, quam sine natura valuisse doctrinam. Atque idem ego contendo, cum ad naturam eximiam atque illustrem accesserit ratio quædam conformatioque doctrinæ, tum illud nescio quid præclarum ac singulare solere existere. Ex hoc esse hunc numero, quem patres nostri viderunt, divinum hominem, Africanum : ex hoc C. Lælium, L. Furium, moderatissimos homines et continentissimos : ex hoc fortissimum virum, et illis temporibus doctissimum, M. Catonem illum senem, qui profecto, si nihil ad percipiendam colendamque virtutem litteris adjuvarentur, nunquam se ad earum studium contulissent. Quod si non hic tantus fructus ostenderetur, et ex his studiis delectatio sola peteretur : tamen, ut opinor, hanc animi remissionem, humanissimam ac liberalissimam judicaretis. Nam cæteræ neque temporum sunt, neque ætatum omnium, neque locorum : hæc studia adolescentiam alunt, senectutem oblectant, secundas res ornant, adversis perfugium ac solatium præbent, delectant domi, non impediunt foris, pernoctant nobiscum, peregrinantur ac rusticantur. Quod si ipsi hæc neque attingere, neque sensu nostro gustare possemus, tamen ea mirari deberemus, etiam cum aliis videremus. Quis nostrum tam animo agresti ac duro fuit, ut Roscii morte nuper non commoveretur, qui cum esset senex mortuus, tamen, propter excellentem artem ac venustatem, videbatur omnino mori non debuisse. Ergo ille corporis motu tantum amorem sibi conciliarat a nobis omnibus : nos animarum incredibiles motus, celeritatemque ingeniorum negligemus. Quoties ego hunc Archiam vidi, judices, utar enim vestra benignitate, quoniam me in hoc novo genere dicendi tam diligenter attenditis, quoties ego hunc vidi, cum litteram

Ego multos homines excellenti animo ac virtute fuisse, et sine doctrina, naturæ ipsius habitu prope divino, per seipsos et moderatos, et graves exsti tisse fateor : etiam illud adjungo, sæpius ad laudem atque virtutem naturam sine doctrina, quam sine natura valuisse doctrinam. Atque idem ego contendo, cum ad naturam eximiam atque illustrem accesserit ratio quædam conformatioque doctrinæ, tum illud nescio quid præclarum ac singulare solere existere. Ex hoc esse hunc numero, quem patres nostri viderunt, divinum hominem, Africanum : ex hoc C. Lælium, L. Furium, moderatos

IMPRIMERIE. FONDERIE. 1 2 3 4 5 6 7 8 9 0.

Tamen, hanc animi remissionem, humanissimam ac liberalissimam judi caretis. Nam cæteræ neque temporum sunt, neque ætatum omnium, neque locorum : hæc studia adolescentiam alunt, senectutem oblectant, secundas res ornant, adversis perfugium ac solatium præbent, delectant domi, non impediunt foris, pernoctant nobiscum, peregrinantur. Quod si ipsi hæc

Fonderie de P. Digney, rue de la Salle, 24 Saint-Germain-en-Laye.

Paris. Typographie Henri Plon, rue Garancière, 8.

CORPS HUIT N° 4

Ego multos homines excellenti animo ac virtute fuisse, et sine doctrina, naturæ ipsius habitu prope divino per seipsos et moderatos, et graves exstitisse fateor : etiam illud adjungo sæpius ad laudem atque virtutem naturam sine doctrina, quam sine natura valuisse doctrinam. Atque idem ego contendo, cum ad naturam eximiam atque illustrem accesserit ratio quædam conformatioque doctrinæ, tum illud nescio quid præclarum ac singulare solere existere. Ex hoc esse hunc numero, quem patres nostri viderunt, divinum hominem, Africanum : ex hoc C. Lælium, L. Furium, moderatissimos homines et continentissimos : ex hoc fortissimum virum, et illis temporibus doctissimum, M. Catonem illum senem, qui profecto, si nihil ad percipiendam colendamque virtutem litteris adjuvarentur, nunquam se ad earum studium contulissent. Quod si non hic tantus fructus ostenderetur, et ex his studiis delectatio sola peteretur : tamen, ut opinor, hanc animi remissionem humanissimam ac liberalissimam judicaretis. Nam cæteræ neque temporum sunt, neque ætatum omnium, neque locorum : hæc studia adolescentiam alunt, senectutem oblectant, secundas res ornant, adversis perfugium ad solatium præbent, delectant domi, non impediunt foris, pernoctant nobiscum, peregrinantur ac rusticantur. Quod si ipsi hæc neque attingere, neque sensu nostro gustare possemus tamen ea mirari deberemus etiam cum aliis videremus. Quis nostrum tam animo agresti ac duro fuit, ut Roscii morte nuper non commoveretur, qui cum esset senex mortuus, tamen, propter exellentem artem ac venustatem, videbatur omnino mori non debuisse. Ergo ille corporis motu tantum amorem sibi conciliarat a nobis omnibus : nos animarum incredibiles motus, celeritatemque ingeniorum negligemus. Quoties ego hunc Archiam vidi, judices, utar enim vestra benignitate, quoniam me in hoc novo genere dicendi tam diligenter attenditis, quoties ego hunc vidi, cum litteram scripsisset nul

Ego multos homines excellenti animo ac virtute fuisse, et sine doctrina, naturæ ipsius habitu prope divino, per seipsos et moderatos, et graves exstitisse fateor : etiam illud adjungo, sæpius ad laudem atque virtutem naturam sine doctrina, quam sine natura valuisse doctrinam. Atque idem ego contendo, cum ad naturam eximiam atque illustrem accesserit ratio quædam conformatioque doctrinæ, tum illud nescio quid præclarum ac singulare solere existere. Ex hoc esse hunc numero, quem patres nostri viderunt, divinum hominem, Africanum : ex hoc C. Lælium, L. Furium, moderatos

IMPRIMERIE. FONDERIE. 1 2 3 4 5 6 7 8 9 0.

Tamen, hanc animi remissionem, humanissimam ac liberalissimam judicaretis. Nam cæteræ neque temporum sunt, neque ætatum omnium, neque locorum : hæc studia adolescentiam alunt, senectutem oblectant, secundas res ornant, adversis perfugium ac solatium præbent, delectant domi, non impediunt foris, pernoctant nobiscum, peregrinantur. Quod si ipsi hæc

Paris, Typographie Henri Plon, rue Garancière, 8.

CORPS HUIT No 5

Ego multos homines excellenti animo ac virtute fuisse, et sine doctrina, naturæ ipsius habitu prope divino per seipsos et moderatos, et graves exstitisse fateor : etiam illud adjungo sæpius ad laudem atque virtutem naturam sine doctrina, quam sine natura valuisse doctrinam. Atque idem ego contendo, cum ad naturam eximiam atque illustrem accesserit ratio quædam conformatioque doctrinæ, tum illud nescio quid præclarum ac singulare solere existere. Ex hoc esse hunc numero, quem patres nostri viderunt, divinum hominem, Africanum : ex hoc C. Lælium, L. Furium, moderatissimos homines et continentissimos : ex hoc fortissimum virum, et illis temporibus doctissimum, M. Catonem illum senem, qui profecto, si nihil ad percipiendam colendamque virtutem litteris adjuvarentur, nunquam se ad earum studium contulissent. Quod si non hic tantus fructus ostenderetur, et ex his studiis delectatio sola peteretur : tamen, ut opinor, hanc animi remissionem, humanissimam ac liberalissimam judicaretis. Nam cæteræ neque temporum sunt, neque ætatum omnium, neque locorum : hæc studia adolescentiam alunt, senectutem oblectant, secundas res ornant, adversis perfugium ac solatium præbent, delectant domi, non impediunt foris, pernoctant nobiscum, peregrinantur ac rusticantur. Quod si ipsi hæc neque attingere, neque sensu nostro gustare possemus, tamen ea mirari deberemus, etiam cum aliis videremus. Quis nostrum tam animo agresti ac duro fuit, ut Roscii morte nuper non commoveretur, qui cum esset senex mortuus, tamen, propter exellentem artem ac venustatem, videbatur omnino mori non debuisse. Ergo ille corporis motu tantum amorem sibi conciliarat a nobis omnibus : nos animarum incredibiles motus, celeritatemque ingeniorum negligemus. Quoties ego hunc Archiam vidi, judices, utar enim vestra benignitate, quoniam me

Ego multos homines excellenti animo ac virtute fuisse, et sine doctrina, naturæ ipsius habitu prope divino, per seipsos et moderatos, et graves exstitisse fateor : etiam illud adjungo, sæpius ad laudem atque virtutem naturam sine doctrina, quam sine natura valuisse doctrinam. Atque idem ego contendo, cum ad naturam eximiam atque illustrem accesserit ratio quædam conformatioque doctrinæ, tum illud nescio quid præclarum ac singulare solere existere. Ex hoc esse hunc numero, quem patres nostri viderunt, divinum hominem, Africanum : ex hoc

IMPRIMERIE. FONDERIE. 1 2 3 4 5 6 7 8 9 0.

Tamen, hanc animi remissionem, humanissimam ac liberalissimam judicaretis. Nam cæteræ neque temporum sunt, neque ætatum omnium, neque locorum : hæc studia adolescentiam alunt, senectutem oblectant, secundas res ornant, adversis perfugium ac solatium præbent, delectant domi, non impediunt foris, pernoctant nobiscum, peregrinantur. Quod

Fonderie de P. Digney, rue de la Salle, 24. Saint-Germain-en-Laye.

Paris. Typographie Henri Plon, rue Garancière, 8

CORPS HUIT N° 6.

Ego multos homines excellenti animo ac virtute fuisse, et sine doc
trina, naturæ ipsius habitu prope divino per seipsos et moderatos, et
graves extitisse fateor : etiam illud adjungo sæpius ad laudem atque
virtutem naturam sine doctrina, quam sine natura valuisse doctrinam.
Atque idem ego contendo, cum ad naturam eximiam atque illustrem
accesserit ratio quædam conformatioque doctrinæ, tum illud nescio
quid præclarum ac singulare solere existere. Ex hoc esse hunc nume
ro, quem patres nostri viderunt, divinum hominem, Africanum : ex
hoc C. Lælium, L. Furium, moderatissimos homines et continentissi
mos : ex hoc fortissimum virum, et illis temporibus doctissimum, M.
Catonem illum senem, qui profecto, si nihil ad percipiendam colen
damque virtutem litteris adjuvarentur, nunquam se ad earum stu
dium contulissent. Quod si non hic tantus fructus ostenderetur, et ex
his studiis delectatio sola peteretur : tamen, ut opinor, hanc animi
remissionem, humanissimam ac liberalissimam judicaretis. Nam cæ
teræ neque temporum sunt, neque ætatum omnium, neque locorum :
hæc studia adolescentiam alunt, senectutem oblectant, secundas res
ornant, adversis perfugium ac solatium præbent, delectant domi, non
impediunt foris, pernoctant nobiscum, peregrinantur ac rusticantur.
Quod si ipsi hæc neque attingere, neque sensu nostro gustare posse
mus, tamen ea mirari deberemus, etiam cum aliis videremus. Quis
nostrum tam animo agresti ac duro fuit, ut Roscii morte nuper non
commoveretur, qui cum esset senex mortuus, tamen propter excellen
tem artem ac venustatem, videbatur omnino mori non debuisse. Er
go ille corporis motu tantum amorem sibi conciliarat a nobis omni
bus : nos animarum incredibiles motus, celeritatemque ingeniorum
negligemus. Quoties ego hunc Archiam vidi, judices, utar enim ves

**Ego multos homines excellenti animo ac virtute fuisse, et sine doc
trina, naturæ ipsius habitu prope divino, per seipsos et moderatos, et
graves extitisse fateor : etiam illud adjungo, sæpius ad laudem atque
virtutem naturam sine doctrina, quam sine natura valuisse doctrinam.
Atque idem ego contendo, cum ad naturam eximiam atque illustrem
accesserit ratio quædam conformatioque doctrinæ, tum illud nescio
quid præclarum ac singulare solere existere. Ex hoc esse hunc nume
ro, quem patres nostri viderunt, divinum hominem, Africanum : ex**

IMPRIMERIE. FONDERIE. 1 2 3 4 5 6 7 8 9 0.

*Tamen, hanc animi remissionem, humanissimam ac liberalissimam ju
dicaretis. Nam cætere neque temporum sunt, neque ætatum omnium, neque
locorum : hæc studia adolescentiam alunt, senectutem oblectant, secundas
res ornant, perfugium ac solatium præbent, delectant domi, non impediunt
foris, pernoctant nobiscum peregrinantur. Quod ad naturam adjuvarentur*

Fonderie de P. Diguey, passage des Louviers, 7 Saint-Germain-en-Laye.

Paris, Typographie Henri Plon, rue Garancière, 8.

Ego multos homines excellenti animo ac virtute fuisse, et sine doctrina, naturæ ipsius habitu prope divino per seipsos et moderatos, et graves extitisse fateor : etiam illud adjungo sæpius ad laudem atque virtutem naturam sine doctrina, quam sine natura valuisse doctrinam. Atque idem ego contendo, cum ad naturam eximiam atque illustrem accesserit ratio quædam conformatioque doctrinæ, tum illud nescio quid præclarum ac singulare solere existere. Ex hoc esse hunc numero, quem patres nostri viderunt, divinum hominem, Africanum : ex hoc C. Lælium, L. Furium, moderatissimos homines et continentissimos : ex hoc fortissimum virum et illis temporibus doctissimum, M. Catonem illum senem, qui profecto, si nihil ad percipiendam colendamque virtutem litteris adjuvarentur, nunquam se ad earum studium contulissent. Quod si non hic tantus fructus ostenderetur, et ex his studiis delectatio sola peteretur : tamen, ut opinor, hanc animi remissionem, humanissimam ac liberalissimam judicaretis. Nam cæteræ neque temporum sunt, neque ætatum omnium, neque locorum : hæc studia adolescentiam alunt, senectutem oblectant, secundas res ornant, adversis perfugium ac solatium præbent, delectant domi, non impediunt foris, pernoctant nobiscum, peregrinantur ac rusticantur. Quod si ipsi hæc neque attingere, neque sensu nostro gustare possemus, tamen ea mirari demus, etiam cum aliis videremus. Quis nostrum tam animo agresti ac duro fuit, ut Roscii morte nuper non commoveretur, qui cum esset senex mortuus, tamen, propter exellentem artem ac venustatem, videbatur omnino mori non debuisse. Ergo ille corporis motu tantum amorem sibi conciliarat a nobis omnibus : nos animarum incredibiles motus, celeritatemque ingeniorum negligemus.

Ego multos homines excellenti animo ac virtute fuisse, et sine doctrina, naturæ ipsius habitu prope divino, per seipsos et moderatos, et graves extitisse fateor : etiam illud adjungo, sæpius ad laudem atque virtutem naturam sine doctrina, quam sine natura valuisse doctrinam. Idem ego contendo, cum ad naturam eximiam atque illustrem accesserit ratio quædam conformatioque doctrinæ, tum illud nescio quid preclarum ac singulare solere existere. Ex hoc esse hunc numero, quem patres nostri viderunt, divinum hominem.

IMPRIMERIE. FONDERIE. 1 2 3 4 5 6 7 8 9 0.

Tamen, hanc animi remissionem, humanissimam ac liberalissimam judicaretis. Nam cætere neque temporum sunt, neque ætatum omnium, neque locorum : hæc studia adolescentiam alunt, senectutem oblectant, secundas res ornant, adversis perfugium ac solatium præbent, delectant domi, non impediunt foris, pernoctant nobiscum, peregrinantur. Quod si ipsi hæc ne

Paris. Typographie Henri Plon, rue Garancière, 8.

Ego multos homines excellenti animo ac virtute fuisse, et sine doctrina, naturæ ipsius habitu prope divino per seipsos et moderatos, et graves exstitisse fateor : etiam illud adjungo sæpius ad laudem atque virtutem naturam sine doctrina, quam sine natura valuisse doctrinam. Atque idem ego contendo, cum ad naturam eximiam atque illustrem accesserit ratio quædam conformatioque doctrinæ, tum illud nescio quid præclarum ac singulare solere existere. Ex hoc esse hunc numero, quem patres nostri viderunt, divinum hominem, Africanum : ex hoc C. Lælium, L. Furium, moderatissimos homines et continentissimos : ex hoc fortissimum virum, et illis temporibus doctissimum, M. Catonem illum senem, qui profecto, si nihil ad percipiendam colendamque virtutem litteris adjuvarentur, nunquam se ad earum studium contulissent. Quod si non hic tantus fructus ostenderetur, et ex his studiis delectatio sola peteretur : tamen, ut opinor, hanc animi remissionem, humanissimam ac liberalissimam judicaretis. Nam ceteræ neque temporum sunt, neque ætatum omnium, neque locorum : hæc studia adolescentiam alunt, senectutem oblectant, secundas res ornant, adversis perfugium ac solatium præbent, delectant domi, non impediunt foris, pernoctant nobiscum, peregrinantur ac rusticantur. Quod si ipsi hæc neque attingere, neque sensu nostro gustare possemus, tamen ea mirari deberemus, etiam cum aliis videremus. Quis nostrum tam animo agresti ac duro fuit, ut Roscii morte nuper non commoveretur, qui cum esset senex mortuus, tamen, propter excellentem artem ac venustatem, videbatur omnino mori non debuisse. Ergo

Ego multos homines excellenti animo ac virtute fuisse, et sine doctrina, naturæ ipsius habitu prope divino per seipsos et moderatos, et graves extitisse fateor : etiam illud adjungo sæpius ad laudem atque virtutem naturam sine doctrina, quam sine natura valuisse doctrinam. Atque idem ego contendo, cum ad naturam eximiam atque illustrem accesserit ratio quædam conformatioque doctrinæ, tum illud nescio quid præclarum ac singulare solere existere. Ex hoc esse

IMPRIMERIE. FONDERIE. 1 2 3 4 5 6 7 8 9 0.

Tamen, hanc animi remissionem, humanissimam ac liberalissimam judicaretis. Nam ceteræ neque temporum sunt, neque ætatum omnium, neque locorum : hæc studia adolescentiam alunt, senectutem oblectant, secundas res ornant, adversis perfugium ac solatium præbent, delectant domi, non impediunt foris, pernoctant nobiscum, peregrinantur. Quod

Fonderie de P. Digney, rue de la Salle, 24. Saint-Germain-en-Laye.

Paris. Typographie Henri Plon, rue Garancière, 8.

Ego multos homines excellenti animo ac virtute fuisse, et sine doctrina, naturæ ipsius habitu prope divino per seipsos et moderatos, et graves exstitisse fateor : etiam illud adjungo sæpius ad laudem atque virtutem naturam sine doctrina, quam sine natura valuisse doctrinam. Atque idem ego contendo, cum ad naturam eximiam atque illustrem accesserit ratio quædam conformatioque doctrinæ, tum illud nescio quid præclarum ac singulare solere existere. Ex hoc esse hunc numero, quem patres nostri viderunt, divinum hominem, Africanum : ex hoc C. Lælium, L. Furium, moderatissimos homines et continentissimos : ex hoc fortissimum virum, et illis temporibus doctissimum, M. Catonem illum senem : qui profecto, si nihil ad percipiendam colendamque virtutem litteris adjuvarentur, et ex his studiis delectatio sola peteretur : tamen, ut opinor, hanc animi remissionem, humanissimam ac liberalissimam judicaretis. Nam cæteræ neque temporum sunt, neque ætatum omnium, neque locorum : hæc studia adolescentiam alunt, senectutem oblectant, secundas res ornant, adversis perfugium ac solatium præbent, delectant domi, non impediunt foris, pernoctant nobiscum, peregrinantur ac rusticantur. Quod si ipsi hæc neque attingere, neque sensu nostro gustare possemus, tamen ea mirari deberemus, etiam cum in aliis videremus. Quis nostrum tam animo agresti ac duro fuit, ut Roscii morte nuper non commoveretur, qui cum esset senex mortuus, tamen, propter excellentem artem ac venustatem, videbatur omnino mori non

Ego multos homines excellenti animo ac virtute fuisse, et sine doctrina, naturæ ipsius habitu prope divino, per seipsos et moderatos, et graves exstitisse fateor : etiam illud adjungo, sæpius ad laudem atque virtutem naturam sine doctrina, quam sine natura valuisse doctrinam. Atque idem ego contendo, cum ad naturam eximiam atque illustrem accesserit ratio quædam conformatioque doctrinæ, tum illud nescio quid præclarum ac singulare solere

IMPRIMERIE. FONDERIE. 1 2 3 4 5 6 7 8 9 0.

Tamen, hanc animi remissionem, humanissimam ac liberalissimam judicaretis. Nam cæteræ neque temporum sunt, neque ætatum omnium, neque locorum : hæc studia adolescentiam alunt, senectutem oblectant, secundas res ornant, adversis perfugium ac solatium præbent, delectant domi, non impediunt foris, pernoctant nobiscum

Fonderie de P. Digney, rue de la Salle, 24. Saint-Germain-en-Laye.

Paris. Typographie Henri Plon, rue Garancière, 8.

Ego multos homines excellenti animo ac virtute fuisse, et sine doctrina, naturæ ipsius habitu prope divino, per seipsos et moderatos, et graves exstitisse fateor : etiam illud adjungo, sæpius ad laudem atque virtutem naturam sine doctrina, quam sine natura valuisse doctrinam. Atque idem ego contendo, cum ad naturam eximiam atque illustrem accesserit ratio quædam conformatioque doctrinæ, tum illud nescio quid præclarum ac singulare solere existere. Ex hoc esse hunc numero, quem patres nostri viderunt, divinum hominem, Africanum : ex hoc C. Lælium, L. Furium, moderatissimos homines et continentissimos : ex hoc fortissimum virum, et illis temporibus doctissimum, M. Catonem illum senem : qui profecto, si nihil ad percipiendam colendamque virtutem litteris adjuvarentur, nunquam se ad earum studium contulissent. Quod si non hic tantus fructus ostenderetur, et ex his studiis delectatio sola peteretur : tamen, ut opinor, hanc animi remissionem, humanissimam ac liberalissimam judicaretis. Nam cæteræ neque temporum sunt, neque ætatum omnium, neque locorum : hæc studia adolescentiam alunt, senectutem oblectant, secundas res ornant, adversis perfugium ac solatium præbent, delectant domi, non impediunt foris, pernoctant nobiscum, peregrinantur ac rusticantur. Quod si ipsi hæc neque attingere, neque sensu nostro gustare possemus, tamen ea mirari deberemus, etiam cum in aliis videremus. Quis nostrum tam animo agresti ac duro fuit, ut Roscii morte nuper non commoveretur, qui cum esset senex mortuus,

Ego multos homines excellenti animo ac virtute fuisse, et sine doctrina, naturæ ipsius habitu prope divino, per seipsos et moderatos, et graves exstitisse fateor : etiam illud adjungo, sæpius ad laudem atque virtutem naturam sine doctrina, quam sine natura valuisse doctrinam. Atque idem ego contendo, cum ad naturam eximiam atque illustrem accesserit ratio quædam conformatioque doctrinæ, tum illud nescio quid præclarum ac singulare solere

IMPRIMERIE. FONDERIE. 1 2 3 4 5 6 7 8 9 0.

Tamen, hanc animi remissionem, humanissimam ac liberalissimam judicaretis. Nam cæteræ neque temporum sunt, neque ætatum omnium, neque locorum : hæc studia adolescentiam alunt, senectutem oblectant, secundas res ornant, adversis perfugium ac solatium præbent, delectant domi, non impediunt foris, pernoctant nobiscum, peregrinantur. Quod

Fonderie de P. Digney, rue de la Salle, 24. Saint-Germain-en-Laye.

Paris. Typographie Henri Plon, rue Garancière, 8.

CORPS NEUF N° 4.

Ego multos homines excellenti animo ac virtute fuisse, et sine doctrina, naturæ ipsius habitu prope divino, per seipsos et moderatos, et graves exstitisse fateor : etiam illud adjungo, sæpius ad laudem atque virtutem naturam sine doctrina, quam sine natura valuisse doctrinam. Atque idem ego contendo, cum ad naturam eximiam atque illustrem accesserit ratio quædam conformatioque doctrinæ tum illud nescio quid præclarum ac singulare solere existere. Ex hoc esse hunc numero, quem patres nostri viderunt, divinum hominem, Africanum : ex hoc C. Lælium, L. Furium, moderatissimos homines et continentissimos : ex hoc fortissimum virum, et illis temporibus doctissimum, M. Catonem illum senem : qui profecto, si nihil ad percipiendam colendamque virtutem litteris adjuvarentur, numquam se ad earum studium contulissent. Quod si non hic tantus fructus ostenderetur, et ex his studiis delectatio sola peteretur : tamen, ut opinor, hanc animi remissionem, humanissimam ac liberalissimam judicaretis. Nam cæteræ neque temporum sunt, neque ætatum omnium, neque locorum : hæc studia adolescentiam alunt, senectutem oblectant, secundas res ornant, adversis perfugium ac solatium præbent, delectant domi, non impediunt foris, pernoctant nobiscum, peregrinantur ac rusticantur. Quod si ipsi hæc neque attingere, neque sensu nostro gustare possemus, tamen ea mirari deberemus, etiam cum in aliis videremus. Quis nostrum tam animo agresti ac duro fuit, ut Roscii morte nuper non commoveretur, qui cum esset senex mortuus tamen, propter excellentem artem ac venustatem, videbatur omnino mori non debuisse. Ergo ille corporis motu tantum amorem sibi

Ego multos homines excellenti animo ac virtute fuisse, et sine doctrina, naturæ ipsius habitu prope divino, per seipsos et moderatos, et graves exstitisse fateor : etiam illud adjungo, sæpius ad laudem atque virtutem naturam sine doctrina, quam sine natura valuisse doctrinam. Atque idem ego contendo, cum ad naturam eximiam atque illustrem accesserit ratio quædam conformatioque doctrinæ, tum illud nescio quid præclarum ac singulare solere existere. Ex hoc esse hunc numero.

IMPRIMERIE. FONDERIE. 1 2 3 4 5 6 7 8 9 0.

Tamen, hanc animi remissionem, humanissimam ac liberalissimam judicaretis. Nam cæteræ neque temporum sunt, neque ætatum omnium, neque locorum : hæc studia adolescentiam alunt, senectutem oblectant, secundas res ornant, adversis perfugium ac solatium præbent, delectant domi, non impediunt foris, pernoctant nobiscum, peregrinantur. Quod

Fonderie de P. Bigney, rue de la Salle, 24. Saint-Germain-en-Laye.

Paris. Typographie Henri Plon, rue Garancière, 8.

CORPS NEUF N° 5.

Ego multos homines excellenti animo ac virtute fuisse. et sine doctrina. naturæ ipsius habitu prope divino. per seipsos et moderatos. et graves exstitisse fateor : etiam illud adjungo. sæpius ad laudem atque virtutem naturam sine doctrina. quam sine natura valuisse doctrinam. Atque idem ego contendo. cum ad naturam eximiam atque illustrem accesserit ratio quædam conformatioque doctrinæ. tum illud nescio quid præclarum ac singulare solere existere. Ex hoc esse hunc numero. quem patres nostri viderunt. divinum hominem. Africanum : ex hoc C. Lælium. L. Furium. moderatissimos homines et continentissimos : ex hoc fortissimum virum. et illis temporibus doctissimum. M. Catonem illum senem : qui profecto. si nihil ad percipiendam colendamque virtutem litteris adjuvarentur. nunquam se ad earum studium contulissent. Quod si non hic tantus fructus ostenderetur. et ex his studiis delectatio sola peteretur : tamen. ut opinor. hanc animi remissionem. humanissimam ac liberalissimam judicaretis. Nam cæteræ neque temporum sunt. neque ætatum omnium. neque locorum : hæc studia adolescentiam alunt. senectutem oblectant. secundas res ornant. adversis perfugium ac solatium præbent. delectant domi. non impediunt foris. pernoctant nobiscum. peregrinantur ac rusticantur. Quod si ipsi hæc neque attingere. neque sensu nostro gustare possemus. tamen ea mirari deberemus. etiam cum in aliis videremus. Quis nostrum tam animo agresti ac duro fuit. ut Roscii morte nuper non commoveretur. qui cum esset

Ego multos homines excellenti animo ac virtute fuisse. et sine doctrina. naturæ ipsius habitu prope divino. per seipsos et moderatos. et graves exstitisse fateor : etiam illud adjungo. sæpius ad laudem atque virtutem naturam sine doctrina. quam sine natura valuisse doctrinam. Atque idem ego contendo. cum ad naturam eximiam atque illustrem accesserit ratio quædam conformatioque doctrinæ. tum illud nescio quid præclarum ac singulare solere

IMPRIMERIE. FONDERIE. 1 2 3 4 5 6 7 8 9 0.

Tamen. hanc animi remissionem. humanissimam ac liberalissimam judicaretis. Nam cæteræ neque temporum sunt. neque ætatum omnium. neque locorum : hæc studia adolescentiam alunt. senectutem oblectant. secundas res ornant. adversis perfugium ac solatium præbent. delectant domi. non impediunt foris. pernoctant nobiscum

Fonderie de P. Digney, rue de la Salle, 24. Saint-Germain-en-Laye.

Paris, Typographie Henri Plon, rue Garancière, 8.

Ego multos homines excellenti animo ac virtute fuisse, et si ne doctrina, naturæ ipsius habitu prope divino per seipsos et mo deratos, et graves exstitisse fateor : etiam illud adjungo sæpius ad laudem atque virtutem naturam sine doctrina, quam sine na tura valuisse doctrinam. Atque idem ego contendo, cum ad na turam eximiam atque illustrem accesserit ratio quædam confor matioque doctrinæ, tum illud nescio quid præclarum ac singula re solere existere. Ex hoc esse hunc numero, quem patres nostri viderunt, divinum hominem, Africanum : ex hoc C. Lælium, L. Furium, moderatissimos homines et continentissimos : ex hoc fortissimum virum, et illis temporibus doctissimum, M. Cato nem illum senem : qui profecto, si nihil ad percipiendam colen damque virtutem litteris adjuvarentur, et ex his studiis delecta tio sola peteretur : tamen, ut opinor, hanc animi remissionem, humanissimam ac liberalissimam judicaretis. Nam cæteræ ne que temporum sunt, neque ætatum omnium, neque locorum : hæc studia adolescentiam alunt, senectutem oblectant, secundas res ornant, adversis perfugium ac solatium præbent, delectant domi, non impediunt foris, pernoctant nobiscum, peregrinantur ac rusticantur. Quod si ipsi neque attingere, neque sensu nostro gustare possemus, tamen ea mirari deberemus, etiam cum in aliis videremus. Quis nostrum tam animo agresti ac duro fuit, ut Roscii morte nuper non commoveretur, qui cum esset senex mortuus, tamen, propter exellentem artem ac venustatem, vide

Ego multos homines excellenti animo ac virtute fuisse, et si ne doctrina, naturæ ipsius habitu prope divino, per seipsos et moderatos, et graves extitisse fateor : etiam illud adjungo, sæ pius ad laudem atque virtutem naturam sine doctrina, quam si ne natura valuisse doctrinam. Atque idem ego contendo, cum ad naturam eximiam atque illustrem accesserit ratio quædam con formatioque doctrinæ, tum illud nescio quid præclarum ac sin

IMPRIMERIE. FONDERIE. 1 2 3 4 5 6 7 8 9 0.

Tamen, hanc animi remissionem, humanissimam ac liberalissi mam judicaretis. Nam cæteræ neque temporum sunt, neque ætatum omnium, neque locorum : hæc studia adolescentiam alunt, senectu tem oblectant, secundas res ornant, adversis perfugium ac solatium præbent, delectant domi, non impediunt foris, pernoctant nobiscum

Fonderie de P. Digney, rue de la Salle, 24 Saint-Germain-en-Laye

Paris. Typographie Henri Plon, rue Garancière, 8

Ego multos homines excellenti animo ac virtute fuisse, et sine doctrina, naturæ ipsius habitu prope divino, per seipsos et moderatos, et graves exstitisse fateor : etiam illud adjungo, sæpius ad laudem atque virtutem naturam sine doctrina, quam sine natura valuisse doctrinam. Atque idem ego contendo, cum ad naturam eximiam atque illustrem accesserit ratio quædam conformatioque doctrinæ, tum illud nescio quid præclarum ac singulare solere existere. Ex hoc esse hunc numero, quem patres nostri viderunt, divinum hominem, Africanum : ex hoc C. Lælium, L. Furium, moderatissimos homines et continentissimos : ex hoc fortissimum virum, et illis temporibus doctissimum, M. Catonem illum senem qui profecto, si nihil ad percipiendam colendamque virtutem litteris adjuvarentur, nunquam se ad earum studium contulissent. Quod si non hic tantus fructus ostenderetur, et ex his studiis delectatio sola peteretur : tamen, ut opinor, hanc aninimi remissionem, humanissimam ac liberalissimam judicaretis. Nam cæteræ neque temporum sunt, neque ætatum omnium, neque locorum : hæc studia adolescentiam alunt, senectutem oblectant, secundas res ornant, adversis perfugium ac solatium præbent, delectant domi, non impediunt foris, pernoctant nobiscum, peregrinantur ac rusticantur. Quod si ipsi hæc neque attingere, neque sensus nostro gustare possemus, tamen ea mirari deberemus, etiam cum in aliis videremus. Quis nostrum tam animo agresti ac duro fuit, ut Roscii morte nuper non commoveretur, qui cum esset senex

Ego multos homines excellenti animo ac virtute fuisse, et sine doctrina, naturæ ipsius habitu prope divino, per seipsos et moderatos, et graves exstitisse fateor : etiam illud adjungo, sæpius ad laudem atque virtutem naturam sine doctrina, quam sine natura valuisse doctrinam. Atque idem ego contendo, cum ad naturam eximiam atque illustrem accesserit ratio quædam conformatioque doctrinæ, tum illud nescio quid præclarum ac singulare solere

IMPRIMERIE. FONDERIE. 1 2 3 4 5 6 7 8 9 0.

Tamen, hanc animi remissionem, humanissimam ac liberalissimam judicaretis. Nam cæteræ neque temporum sunt, neque ætatum omnium, neque locorum : hæc studia adolescentiam alunt, senectutem oblectant, secundas res ornant, adversis perfugium ac solatium præbent, delectant domi, non impediunt foris, pernoctant nobiscum

Fonderie de P. Digney, passage des Louviers, 7. Saint-Germain-en-Laye.

Paris, Typographie Henri Plon, rue Garancière, 8.

Ego multos homines excellenti animo ac virtute fuisse, et sine doctrina, naturæ ipsius habitu prope divino, per seipsos et moderatos, et graves extitisse fateor : etiam illud adjungo, sæpius ad laudem atque virtutem naturam sine doctrina, quam sine natura valuisse doctrinam. Atque idem ego contendo, cum ad naturam eximiam atque illustrem accesserit ratio quædam conformatioque doctrinæ, tum illud nescio quid præclarum ac singulare solere existere. Ex hoc esse hunc numero, quem patres nostri viderunt, divinum hominem, Africanum : ex hoc C. Lælium, L. Furium, moderatissimos homines et continentissimos : ex hoc fortissimum virum, et illis temporibus doctissimum, M. Catonem illum senem : qui profecto, si nihil ad percipiendam colendamque virtutem litteris adjuvarentur, nunquam se ad earum studium contulissent. Quod si non hic tantus fructus ostenderetur, et ex his studiis delectatio sola peteretur : tamen, ut opinor, hanc animi remissionem, humanissimam ac liberalissimam judicaretis. Nam cæteræ neque temporum sunt, neque ætatum omnium, neque locorum : hæc studia adolescentiam alunt, senectutem oblectant, secundas res ornant, adversis perfugium ac solatium præbent, delectant domi, non impediunt foris, pernoctant nobiscum, peregrinantur ac rusticantur. Quod si ipsi hæc neque attingere, neque sensu nostro gustare possemus, tamen ea mirari deberemus, etiam cum in aliis videremus. Quis nostrum tam animo agresti ac duro fuit, ut Roscii morte nuper non commoveretur, qui cum esset senex mortuus, tamen, propter excellentem artem ac venustatem, videbatur omnino

Ego multos homines excellenti animo ac virtute fuisse, et sine doctrina, naturæ ipsius habitu prope divino, per seipsos et moderatos, et graves extitisse fateor : etiam illud adjungo, sæpius ad laudem atque virtutem naturam sine doctrina, quam sine natura valuisse doctrinam. Atque idem ego contendo, cum ad naturam eximiam atque illustrem accesserit ratio quædam conformatioque doctrinæ, tum illud nescio quid præclarum ac singulare solere existere. Ex hoc esse

IMPRIMERIE. FONDERIE. 1 2 3 4 5 6 7 8 9 0.

Tamen, hanc animi remissionem, humanissimam ac liberalissimam judicaretis. Nam cætere neque temporum sunt, neque ætatum omnium, neque locorum : hæc studia adolescentiam alunt, senectutem oblectant, secundas res ornant, adversis perfugium ac solatium præbent, delectant domi, non impediunt foris, pernoctant nobiscum, peregrinantur. Quod

Fonderie de P. Digney, passage des Louviers, 7 Saint-Germain-en-Laye.

Paris Typographie Henri Plon, rue Garancière, 8

Ego multos homines excellenti animo ac virtute fuisse. et sine doctrina. naturæ ipsius habitu prope divino, per seipsos et mode ratos. et graves exstitisse fateor : etiam illud adjungo. sæpius ad laudem atque virtutem naturam sine doctrina. quam sine natura valuisse doctrinam. Atque idem ego contendo. cum ad naturam eximiam atque illustrem accesserit ratio quædam conformatioque doctrinæ, tum illud nescio quid præclarum ac singulare solere existere. Ex hoc esse hunc numero, quem patres nostri viderunt. divinum hominem, Africanum : ex hoc C. Lælium. L. Furium. moderatissimos homines et continentissimos : ex hoc fortissimum virum. et illis temporibus doctissimum. M. Catonem illum se nem : qui profecto. si nihil ad percipiendam colendamque virtu tem litteris adjuvarentur. nunquam se ad earum studium contu lissent. Quod si non hic tantus fructus ostenderetur. et ex his studiis delectatio sola peteretur : tamen. ut opinor. hanc animi remissionem, humanissimam ac liberalissimam judicaretis. Nam cæteræ neque temporum sunt, neque ætatum omnium. neque locorum : hæc studia adolescentiam alunt. senectutem oblectant. secundas res ornant. adversis perfugium ac solatium præbent. delectant domi. non impediunt foris. pernoctant nobiscum pere

Ego multos homines excellenti animo ac virtute fuisse. et sine doctrina. naturæ ipsius habitu prope divino. per seipsos et mode ratos. et graves exstitisse fateor : etiam illud adjungo. sæpius ad laudem atque virtutem naturam sine doctrina. quam sine natura valuisse doctrinam. Atque idem ego contendo. cum ad naturam eximiam atque illustrem accesserit ratio quædam conformatioque doctrinæ, tum illud nescio quid præclarum ac singulare solere

IMPRIMERIE. FONDERIE. 1 2 3 4 5 6 7 8 9 0.

Tamen. hanc animi remissionem. humanissimam ac liberalissi mam judicaretis. Nam cæteræ neque temporum sunt. neque æta tum omnium. neque locorum : hæc studia adolescentiam alunt. se nectutem oblectant. secundas res ornant. adversis perfugium ac so

Fonderie de P. Digney, rue de la Salle, 24. Saint-Germain-en-Laye.

Paris. Typographie Henri Plon. rue Garancière. 8.

CORPS DIX N° 2.

Ego multos homines excellenti animo ac virtute fuisse, et sine doctrina, naturæ ipsius habitu prope divino, per seipsos et moderatos, et graves exstitisse fateor : etiam illud adjungo, sæpius ad laudem atque virtutem naturam sine doctrina, quam sine natura valuisse doctrinam. Atque idem ego contendo, cum ad naturam eximiam atque illustrem accesserit ratio quædam conformatioque doctrinæ, tum illud nescio quid præclarum ac singulare solere existere. Ex hoc esse hunc numero, quem pa tres nostri viderunt, divinum hominem, Africanum : ex hoc C. Lælium, L. Furium, moderatissimos homines et continentissi mos : ex hoc fortissimum virum, et illis temporibus doctissi mum, M. Catonem illum senem : qui profecto, si nihil ad perci piendam colendamque virtutem litteris adjuvarentur, nunquam se ad earum studium contulissent. Quod si non hic tantus fruc tus ostenderetur, et ex his studiis delectatio sola peteretur, ta men, ut opinor, hanc animi remissionem, humanissimam ac li beralissimam judicaretis. Nam cæteræ neque temporum sunt, neque ætatum omnium, neque locorum : hæc studia adoles centiam alunt, senectutem oblectant, secundas res ornant, ad versis perfugium ac solatium præbent, delectant domi, non im

Ego multos homines excellenti animo ac virtute fuisse, et sine doctrina, naturæ ipsius habitu prope divino, per seipsos et moderatos, et graves exstitisse fateor : etiam illud adjungo, sæpius ad laudem atque virtutem naturam sine doctrina, quam sine natura valuisse doctrinam. Atque idem ego contendo, cum ad naturam eximiam atque illustrem accesserit ratio quædam conformatioque doctrinæ, tum illud nescio quid præclarum ac

IMPRIMERIE. FONDERIE. 1 2 3 4 5 6 7 8 9 0.

Tamen, hanc animi remissionem, humanissimam ac liberalis simam judicaretis. Nam cæteræ neque temporum sunt, neque æta tum omnium, neque locorum : hæc studia adolescentiam alunt, senectutem oblectant, secundas res ornant, adversis perfugium ac

Fonderie de P. Digney, rue de la Salle, 24. Saint-Germain-en-Laye.

Paris. Typographie Henri Plon, rue Garancière, 8.

CORPS DIX N° 3.

Ego multos homines excellenti animo ac virtute fuisse, et sine
doctrina, naturæ ipsius habitu prope divino, per seipsos et mode
ratos, et graves exstitisse fateor : etiam illud adjungo, sæpius ad
laudem atque virtutem naturam sine doctrina, quam sine natura
valuisse doctrinam. Atque idem ego contendo, cum ad naturam
eximiam atque illustrem accesserit ratio quædam conformatioque
doctrinæ, tum illud nescio quid præclarum ac singulare solere exis
tere. Ex hoc esse hunc numero, quem patres nostri viderunt, divi
num hominem, Africanum : ex hoc C. Laelium, L. Furium, mode
ratissimos homines et continentissimos : ex hoc fortissimum virum
et illis temporibus doctissimum, M. Catonem illum senem : qui
profecto, si nihil ad percipiendam colendamque virtutem litteris
adjuvarentur, nunquam se ad earum studium contulissent. Quod
si non hic tantus fructus ostenderetur, et ex his studiis delectatio
sola peteretur : tamen, ut opinor, hanc animi remissionem, huma
nissimam ac liberalissimam judicaretis. Nam cæteræ neque tempo
rum sunt, neque ætatum omnium, neque locorum : hæc studia
adolescentiam alunt, senectutem oblectant, secundas res ornant,
adversis perfugium ac solatium præbent, delectant domi, non im
pediunt foris, pernoctant nobiscum, peregrinantur ac rusticantur.

Ego multos homines excellenti animo ac virtute fuisse, et sine
doctrina, naturæ ipsius habitu prope divino, per seipsos et mode
ratos, et graves exstitisse fateor : etiam illud adjungo, sæpius ad
laudem atque virtutem naturam sine doctrina, quam sine natura
valuisse doctrinam. Atque idem ego contendo, cum ad naturam
eximiam atque illustrem accesserit ratio quædam conformatioque
doctrinæ, tum illud nescio quid præclarum ac singulare solere exis

IMPRIMERIE. FONDERIE. 1 2 3 4 5 6 7 8 9 0.

*Tamen, hanc animi remissionem humanissimam ac liberalissi
mam judicaretis. Nam cæteræ neque temporum sunt, neque æta
tum omnium, neque locorum : hæc studia adolescentiam alunt, se
nectutem oblectant, secundas res ornant, adversis perfugium ac so*

Fonderie de P. Digney, rue de la Salle, 24. Saint-Germain-en-Laye.

Paris, Typographie Henri Plon, rue Garancière, 8.

CORPS DIX N° 4.

Ego multos homines excellenti animo ac virtute fuisse, et sine doctrina, naturæ ipsius habitu prope divino per seipsos et moderatos, et graves exstitisse fateor : etiam illud adjungo sæpius ad laudem atque virtutem naturam sine doctrina, quam sine natura valuisse doctrinam. Atque idem ego contendo, cum ad naturam eximiam atque illustrem accesserit ratio quædam conformatioque doctrinæ, tum illud nescio quid præclarum ac singulare solere existere. Ex hoc esse hunc numero, quem patres nostri viderunt, divinum hominem, Africanum : ex hoc C. Lælium, L. Furium, moderatissimos homines et continentissimos : ex hoc fortissimum virum, et illis temporibus doctissimum, M. Catonem illum senem qui profecto, si nihil ad percipiendam colendamque virtutem litteris adjuvarentur, nunquam se ad earum studium contulissent. Quod si non hic tantus fructus ostenderetur, et ex his studiis delectatio sola peteretur : tamen, ut opinor, hanc animi remissionem humanissimam ac liberalissimam judicaretis. Nam cæteræ neque temporum sunt, neque ætatum omnium, neque locorum : hæc studia adolescentiam alunt, senectutem oblectant, secundas res ornant, adversis perfugium ac solatium præbent, delectant domi, non impediunt foris, pernoctant nobiscum, peregrinantur ac rus

Ego multos homines excellenti animo ac virtute fuisse, et sine doctrina, naturæ ipsius habitu prope divino, per seipsos et moderatos, et graves exstitisse fateor : etiam illud adjungo, sæpius ad laudem atque virtutem naturam sine doctrina, quam sine natura valuisse doctrinam. Atque idem ego contendo, cum ad naturam eximiam atque illustrem accesserit ratio quædam conformatioque doctrinæ, tum illud nescio quid præclarum ac singulare solere

IMPRIMERIE. FONDERIE. 1 2 3 4 5 6 7 8 9 0.

Tamen, hanc animi remissionem, humanissimam ac liberalissimam judicaretis. Nam cæteræ neque temporum sunt, neque ætatum omnium, neque locorum : hæc studia adolescentiam alunt, senectutem oblectant, secundas res ornant, adversis perfugium ac so

Fonderie de P. Digney, rue de la Salle, 24. Saint-Germain-en-Laye.

Paris. Typographie Henri Plon, rue Garancière, 8

CORPS DIX N° 5.

Ego multos homines excellenti animo ac virtute fuisse, et sine doctrina, naturæ ipsius habitu prope divino, per seipsos et moderatos, et graves exstitisse fateor : etiam illud adjungo, sæpius ad laudem atque virtutem naturam sine doctrina, quam sine natura valuisse doctrinam. Atque idem ego contendo, cum ad naturam eximiam atque illustrem accesserit ratio quædam conformatioque doctrinæ, tum illud nescio quid præclarum ac singulare solere existere. Ex hoc esse hunc numero, quem pa tres nostri viderunt, divinum hominem, Africanum : ex hoc C. Lælium, L. Furium, moderatissimos homines et continentissi mos : ex hoc fortissimum virum, et illis temporibus doctissi mum, M. Catonem illum senem : qui profecto, si nihil ad perci piendam colendamque virtutem litteris adjuvarentur, nunquam se ad earum studium contulissent. Quod si non hic tantus fruc tus ostenderetur, et ex his studiis delectatio sola peteretur : tamen, ut opinor, hanc animi remissionem, humanissimam ac liberalissimam judicaretis. Nam cæteræ neque temporum sunt, neque ætatum omnium, neque locorum : hæc studia adolescen tiam alunt, senectutem oblectant, secundas res ornant, adver sis perfugium ac solatium præbent, delectant domi, non impe

Ego multos homines excellenti animo ac virtute fuisse, et sine doctrina, naturæ ipsius habitu prope divino, per seipsos et moderatos, et graves exstitisse fateor : etiam illud adjungo, sæpius ad laudem atque virtutem naturam sine doctrina, quam sine natura valuisse doctrinam. Atque idem ego contendo, cum ad naturam eximiam atque illustrem accesserit ratio quædam conformatioque doctrinæ, tum illud nescio quid præclarum ac

IMPRIMERIE. FONDERIE. 1 2 3 4 5 6 7 8 9 0.

Tamen, hanc animi remissionem, humanissimam ac liberalis simam judicaretis. Nam cæteræ neque temporum sunt, neque æta tum omnium, neque locorum : hæc studia adolescentiam alunt, senectutem oblectant, secundas res ornant, adversis perfugium ac

Fonderie de P. Digney, rue de la Salle, 24. Saint-Germain-en-Laye.

Paris. Typographie Henri Plon, rue Garancière, 8

Ego multos homines excellenti animo ac virtute fuisse, et si ne doctrina, naturæ ipsius habitu prope divino, per seipsos et moderatos, et graves exstitisse fateor : etiam illud adjungo sæpius ad laudem atque virtutem naturam sine doctrina, quam si ne natura valuisse doctrinam. Atque idem ego contendo, cum ad naturam eximiam atque illustrem accesserit ratio quædam conformatioque doctrinæ, tum illud nescio quid præclarum ac singulare solere existere. Ex hoc esse hunc numero, quem pa tres nostri viderunt, divinum hominem, Africanum : C. Lælium, L. Furium, moderatissimos homines et continentissimos : ex hoc fortissimum virum, et illis temporibus doctissimum, M. Ca tonem illum senem : qui profecto, si nihil ad percipiendam co lendamque virtutem litteris adjuvarentur, et ex his studiis de lectatio sola peteretur : tamen, ut opinor, hanc animi remissio nem, humanissimam ac liberalissimam judicaretis. Nam cæteræ neque temporum sunt, neque ætatum omnium, neque locorum : hæc studia adolescentiam alunt, senectutem oblectant, secun das res ornant, adversis perfugium ac solatium præbent, delec tant domi, non impediunt foris, pernoctant nobiscum, peregri nantur ac rusticantur. Quod si ipsi hæc neque attingere, neque

Ego multos homines excellenti animo ac virtute fuisse, et si ne doctrina, naturæ ipsius habitu prope divino, per seipsos et moderatos, et graves exstitisse fateor : etiam illud adjungo, sæpius ad laudem atque virtutem naturam sine doctrina, quam si ne natura valuisse doctrinam. Atque idem ego contendo, cum ad naturam eximiam atque illustrem accesserit ratio quædam conformatioque doctrinæ, tum illud nescio quid præclarum ac

IMPRIMERIE. FONDERIE. 1 2 3 4 5 6 7 8 9 0.

Tamen, hanc animi remissionem, humanissimam ac liberalis simam judicaretis. Nam cæteræ neque temporum sunt, neque æta tum omnium, neque locorum : hæc studia adolescentiam alunt, senectutem oblectant, secundas res ornant, adversis perfugium ac

Fonderie de P. Digney, rue de la Salle, 24. Saint-Germain-en-Laye.

Paris. Typographie Henri Plon, rue Garancière, 8.

Ego multos homines excellenti animo ac virtute fuisse, et sine doctrina, naturæ ipsius habitu prope divino, per seipsos et mo deratos, et graves exstitisse fateor : etiam illud adjungo, sæpius ad laudem atque virtutem naturam sine doctrina, quam sine na tura valuisse doctrinam. Atque idem ego contendo, cum ad na turam eximam atque illustrem accesserit ratio quædam confor matioque doctrinæ, tum illud nescio quid præclarum ac singu lare solere, existere. Ex hoc esse hunc numero, quem patres nos tri viderunt, divinum hominem, Africanum : ex hoc C. Lælium L. Furium, moderatissimos homines et continentissimos : ex hoc fortissimum virum, et illis temporibus doctissimum, M. Catonem illum senem : qui profecto, si nihil ad percipiendam colendam virtutem litteris adjuvarentur, nunquam se ad earum studium contulissent. Quod si non hic tantus fructus ostenderetur, et ex his studiis delectatio sola peteretur : tamen, ut opinor, hanc ani mi remissionem, humanissimam ac liberalissimam judicaretis. Nam cætera neque temporum sunt, neque ætatum omnium, ne que locorum : hæc studia adolescentiam alunt, senectutem ob lectant, secundas res ornant, adversis perfugium ac solatium præbent, delectant domi, non impediunt foris, pernoctant nobi

Ego multos homines excellenti animo ac virtute fuisse, et sine doctrina, naturæ ipsius habitu prope divino, per seipsos et mo deratos, et graves exstitisse fateor : etiam illud adjungo, sæpius ad laudem atque virtutem naturam sine doctrina, quam sine na tura valuisse doctrinam. Atque idem ego contendo, cum ad na turam eximiam atque illustrem accesserit ratio quædam confor matioque doctrinæ, tum illud nescio quid præclarum ac singu

IMPRIMERIE. FONDERIE. 1 2 3 4 5 6 7 8 9 0.

Tamen, hanc animi remissionem, humanissimam ac liberalissi mam judicaretis. Nam cætere neque temporum sunt, neque æta tum omnium, neque locorum : hæc studia adolescentiam alunt, se nectutem oblectant, secundas res ornant, adversis perfugium loco

Fonderie de P. Dignev, rue de la Salle, 24. Saint-Germain-en-Laye.

Paris. Typographie Henri Plon, rue Garancière, 8.

Ego multos homines excellenti animo ac virtute fuisse, et si ne doctrina, naturæ ipsius habitu prope divino per seipsos et moderatos, et graves exstitisse fateor : etiam illud adjungo sæpius ad laudem atque virtutem naturam sine doctrina, quam sine natura valuisse doctrinam. Atque idem ego contendo, cum ad naturam eximiam atque illustrem accesserit ratio quædam conformatioque doctrinæ, tum illud nescio quid præclarum ac singulare solere existere. Ex hoc esse hunc numero, patres nostri viderunt, divinum hominem, Africanum : ex hoc C. Lælium, L. Furium, moderatissimos homines et continentissimos : ex hoc fortissimum virum, et illis temporibus doctissimum, M. Catonem illum senem, qui profecto, si nihil ad percipiendam colendamque virtutem litteris adjuvarentur, nunquam se ad earum studium contulissent. Quod si non hic tantus fructus ostenderetur, et ex his studiis delectatio sola peteretur : tamen, ut opinor, hanc animi remissionem, humanissimam ac liberalissimam judicaretis. Nam cæteræ neque temporum sunt, neque ætatum omnium, neque locorum : hæc studia adolescen

Ego multos homines excellenti animo ac virtute fuisse, et si ne doctrina, naturæ ipsius habitu prope divino per seipsos et moderatos, et graves exstitisse fateor : etiam illud adjungo sæpius ad laudem atque virtutem naturam sine doctrina, quam sine natura valuisse doctrinam. Atque idem ego contendo, cum ad naturam eximiam atque illustrem accesserit ratio quædam conformatioque doctrinæ, tum illud nescio quid præclarum ac

IMPRIMERIE. FONDERIE. 1 2 3 4 5 6 7 8 9 0.

Tamen, hanc animi remissionem, humanissimam ac liberalissimam judicaretis. Nam cæteræ neque temporum sunt, neque ætatum omnium, neque locorum : hæc studia adolescentiam alunt, senectutem oblectant, secundas res ornant, adversis perfu

Fonderie de P. Digney, rue de la Salle, 24. Saint-Germain-en-Laye.

Paris Typographie Henri Plon, rue Garancière, 8.

CORPS ONZE N° 2.

Ego multos homines excellenti animo ac virtute fuisse, et sine doctrina, naturæ ipsius habitu prope divino per se ipsos et moderatos, et graves exstitisse fateor : etiam illud adjungo sæpius ad laudem atque virtutem naturam sine doctrina, quam sine natura valuisse doctrinam. Atque idem ego contendo, cum ad naturam eximiam atque illustrem accesserit ratio quædam conformatioque doctrinæ, tum illud nescio quid præclarum ac singulare solere existere. Ex hoc esse hunc numero, quem patres nostri viderunt, divinum hominem, Africanum : ex hoc C. Lælium, L. Furium, moderatissimos homines et continentissimos : ex hoc fortissimum virum, et illis temporibus doctissimum, M. Catonem illum senem, profecto, si nihil ad percipiendam colendamque virtutem litteris adjuvarentur, nunquam se ad earum studium contulissent. Quod si non hic tantus fructus ostenderetur, et ex his studiis delectatio sola peteretur : tamen, ut opinor, hanc animi remissionem, humanissimam ac liberalissimam judicaretis. Nam cæteræ ne

Ego multos homines excellenti animo ac virtute fuisse, et sine doctrina naturæ ipsius habitu prope divino, per se ipsos et moderatos, et graves exstitisse fateor : etiam illud adjungo, sæpius ad laudem atque virtutem naturam sine doctrina, quam sine natura valuisse doctrinam. Atque idem ego contendo, cum ad naturam eximiam atque illustrem accesserit ratio quædam conformatioque doctrinæ,

IMPRIMERIE. FONDERIE. 1 2 3 4 5 6 7 8 9 0.

Tamen, hanc animi remissionem, humanissimam ac liberalissimam judicaretis. Nam cæteræ neque temporum sunt, neque ætatum omnium, neque locorum : hæc studia adolescentiam alunt, senectutem oblectant, secundas res ornant,

Fonderie de P. Digney, rue de la Salle, 24. Saint-Germain-en-Laye.

Paris. Typographie Henri Plon, rue Garancière, 8.

Ego multos homines excellenti animo ac virtute fuisse, et sine doctrina, naturæ ipsius habitu prope divino per seipsos et moderatos, et graves exstitisse fateor : etiam illud adjungo sæpius ad laudem atque virtutem naturam sine doctrina, quam sine natura valuisse doctrinam. Atque idem ego conten do, cum ad naturam eximiam atque illustrem accesserit ratio quædam conformatioque doctrinæ, tum illud nescio quid præ clarum ac singulare solere existere. Ex hoc esse hunc numero quem patres nostri viderunt, divinum hominem, Africanum : ex hoc C. Lælium, L. Furium, moderatissimos homines et continentissimos : ex hoc fortissimum virum, et illis tempori bus doctissimum, M. Catonem illum senem : qui profecto, si nihil ad percipiendam colendamque virtutem litteris adjuva rentur, et ex his studiis delectatio sola peteretur : tamen, ut opinor, hanc animi remissionem, humanissimam ac liberalis simam judicaretis. Nam cæteræ neque temporum sunt, neque ætatum omnium, neque locorum : hæc studia adolescentiam alunt, senectutem oblectant, secundas res ornant, adversis

Ego multos homines excellenti animo ac virtute fuisse, et sine doctrina, naturæ ipsius habitu prope divino per seipsos et moderatos, et graves exstitisse fateor : etiam illud adjungo sæpius ad laudem atque virtutem naturam sine doctrina, quam sine natura valuisse doctrinam. Atque idem ego conten do, cum ad naturam eximiam atque illustrem accesserit ratio quædam conformatioque doctrinæ, tum illud nescio quid præ

IMPRIMERIE. FONDERIE. 1 2 3 4 5 6 7 8 9 0.

Tamen, hanc animi remissionem, humanissimam ac liberalis simam judicaretis. Nam cæteræ neque temporum sunt, neque ætatum omnium, neque locorum : hæc studia adolescentiam alunt, senectutem oblectant, secundas res ornant, adversis perfu

Fonderie de P. Digney, rue de la Salle, 24 Saint-Germain-en-Laye.

Paris. Typographie Henri Plon, rue Garancière, 8

CORPS ONZE N° 4.

Ego multos homines excellenti animo ac virtute fuisse, et sine doctrina, naturæ ipsius habitu prope divino per seipsos et moderatos, et graves extitisse fateor : etiam illud adjungo sæpius ad laudem atque virtutem naturam sine doctrina, quam sine natura valuisse doctrinam. Atque idem ego con tendo, cum ad naturam eximiam atque illustrem accesserit ratio quædam conformatioque doctrinæ, tum illud nescio quid præclarum ac singulare solere existere. Ex hoc esse hunc numero, patres nostri viderunt, divinum hominem, Africanum : ex hoc C. Lælium, L. Furium, moderatissimos homines et continentissimos : ex hoc fortissimum virum, et illis temporibus doctissimum, M. Catonem illum senem, qui profecto, si nihil ad percipiendam colendamque virtutem lit teris adjuvarentur, nunquam se ad earum studium contulis sent. Quod si non hic tantus fructus ostenderetur, et ex his studiis delectatio sola peteretur : tamen, ut opinor, hanc animi remissionem, humanissimam ac liberalissimam judi caretis. Nam cæteræ neque temporum sunt, neque ætatum

Ego multos homines excellenti animo ac virtute fuisse, et sine doctrina, naturæ ipsius habitu prope divino per seipsos et moderatos, et graves exstitisse fateor : etiam illud adjungo sæpius ad laudem atque virtutem naturam sine doctrina, quam sine natura valuisse doctrinam. Atque idem ego con tendo, cum ad naturam eximiam atque illustrem accesserit ratio quædam conformatioque doctrinæ, tum illud nescio

IMPRIMERIE. FONDERIE. 1 2 3 4 5 6 7 8 9 0.

Tamen, hanc animi remissionem, humanissimam ac liberalis simam judicaretis. Nam cæteræ neque temporum sunt, neque ætatum omnium, neque locorum : hæc studia adolescentiam alunt, senectutem oblectant, secundas res ornant, adversis perfu

Fonderie de P. Dignoy, rue de la Salle, 24. Saint-Germain-en-Laye.

Paris. Typographie Henri Plon, rue Garancière, 8.

Ego multos homines excellenti animo ac virtute fuisse, et sine doctrina, naturæ ipsius habitu prope divino per seipsos et moderatos, et graves exstitisse fateor : etiam illud adjungo sæpius ad laudem atque virtutem naturam sine doctrina, quam sine natura valuisse doctrinam. Atque idem ego contendo, cum ad naturam eximiam atque illustrem accesserit ratio quædam conformatioque doctrinæ, tum illud nescio quid præclarum ac singulare solere existere. Ex hoc esse hunc numero, patres nostri viderunt, divinum hominem, Africanum : ex C. Lælium, L. Furium, moderatissimos homines et continentissimos : ex hoc fortissimum virum, et illis temporibus doctissimum, M. Catonem illum senem, qui profecto, si nihil ad percipiendam colendamque virtutem litteris adjuvarentur, nunquam se ad earum studium contulissent. Quod si non hic tantus fructus ostenderetur, et ex his studiis delectatio sola peteretur : tamen, ut opinor, hanc animi remissionem, hu

Ego multos homines excellenti animo ac virtute fuisse, et sine doctrina, naturæ ipsius habitu prope divino per seipsos et moderatos, et graves exstitisse fateor : etiam illud adjungo sæpius ad laudem atque virtutem naturam sine doctrina, quam sine natura valuisse doctrinam. Atque idem ego contendo, cum ad naturam eximiam atque illustrem accesserit ratio quædam con

IMPRIMERIE. FONDERIE. 1 2 3 4 5 6 7 8 9 0.

Tamen, hanc animi remissionem, humanissimam ac liberalissimam judicaretis. Nam cæteræ neque temporum sunt, neque ætatum omnium, neque locorum : hæc studia adolescentiam alunt, senectutem oblectant, secundas res ornant.

Fonderie de P. Digney, rue de la Salle, 24. Saint-Germain-en-Laye

Paris Typographie Henri Plon, rue Garancière, 8.

CORPS ONZE N° 6.

Ego multos homines excellenti animo ac virtute fuisse, et sine doctrina, naturæ ipsius habitu prope divino per seipsos et moderatos, et graves exstitisse fateor : etiam illud adjungo sæpius ad laudem atque virtutem naturam sine doctrina, quam sine natura valuisse doctrinam. Atque idem ego contendo, cum ad naturam eximiam atque illustrem accesserit ratio quædam conformatioque doctrinæ, tum illud nescio quid præclarum ac singulare solere existere. Ex hoc esse hunc numero, patres nostri viderunt, divinum hominem, Africanum : ex hoc C. Lælium, L. Furium, moderatissimos homines et continentissimos : ex hoc fortissimum virum, et illis temporibus doctissimum, M. Catonem illum senem, qui profecto, si nihil ad percipiendam colendamque virtutem litteris adjuvarentur, nunquam se ad earum studium contulissent. Quod si non hic tantus fructus ostenderetur, et ex his studiis delectatio sola peteretur : tamen, ut opinor, hanc animi remissio

Ego multos homines excellenti animo ac virtute fuisse, et sine doctrina, naturæ ipsius habitu prope divino per seipsos et moderatos, et graves exstitisse fateor : etiam illud adjungo sæpius ad laudem atque virtutem naturam sine doctrina, quam sine natura valuisse doctrinam. Atque idem ego contendo, cum ad naturam eximiam atque illustrem accesserit ratio quædam con

IMPRIMERIE. FONDERIE. 1 2 3 4 5 6 7 8 9 0.

Tamen, hanc animi remissionem, humanissimam ac liberalissimam judicaretis. Nam cæteræ neque temporum sunt, neque ætatum omnium, neque locorum : hæc studia adolescentiam alunt, senectutem oblectant, secundas res ornant,

Fonderie de P. Digney, rue de la Salle, 24. Saint-Germain-en-Laye.

Paris. Typographie Henri Plon, rue Garancière, 8.

CORPS DOUZE Nº 1.

Ego multos homines excellenti animo ac virtute fuisse,
et sine doctrina, naturæ ipsius habitu prope divino per
seipsos et moderatos, et graves extitisse fateor : etiam il
lud adjungo sæpius ad laudem atque virtutem naturam
sine doctrina, quam sine natura valuisse doctrinam. At
que idem ego contendo, cum ad naturam eximiam atque
illustrem accesserit ratio quædam conformatioque doctri
næ, tum illud nescio quid præclarum ac singulare solere
existere. Ex hoc esse hunc numero, quem patres nostri
viderunt, divinum hominem, Africanum : ex hoc C. Læ
lium, L. Furium, moderatissimos homines et continentis
simos : ex hoc fortissimum virum, et illis temporibus doc
tissimum, M. Catonem illum senem : qui profecto, si ni
hil ad percipiendam colendamque virtutem litteris adju
varentur, et ex his studiis delectatio sola peteretur : ta
men, ut opinor, hanc animi remissionem, humanissimam
ac liberalissimam judicaretis. Nam cæteræ neque tempo

Ego multos homines excellenti animo ac virtute fuisse,
et sine doctrina, naturæ ipsius habitu prope divino per
seipsos et moderatos, et graves extitisse fateor : etiam il
lud adjungo sæpius ad laudem atque virtutem naturam
sine doctrina, quam sine natura valuisse doctrinam. At
que idem ego contendo, cum ad naturam eximiam atque

IMPRIMERIE. FONDERIE. 1 2 3 4 5 6 7 8 9 0.

*Tamen, hanc animi remissionem, humanissimam ac li
beralissimam judicaretis. Nam cæteræ neque temporum
sunt, neque ætatum omnium, neque locorum : hæc studia
adolescentiam alunt, senectutem oblectant, secundas res or*

Fonderie de P. Digney, rue de la Salle, 24. Saint-Germain-en-Laye.

Paris Typographie Henri Plon, rue Garancière, 8.

Ego multos homines excellenti animo ac virtute fu isse, et sine doctrina, naturæ ipsius habitu prope di vino per seipsos et moderatos, et graves exstitisse fa teor : etiam illud adjungo sæpius ad laudem atque virtutem naturam sine doctrina, quam sine natura va luisse doctrinam. Atque idem ego contendo, cum ad naturam eximiam atque illustrem accesserit ratio quædam conformatioque doctrinæ, tum illud nescio quid præclarum ac singulare solere existere. Ex hoc esse hunc numero, patres nostri viderunt, divinum hominem, Africanum : ex hoc C. Lælium, L. Furium, moderatissimos homines et continentissimos : ex hoc fortissimum virum, et illis temporibus doctissimum, M. Catonem illum senem, qui profecto, si nihil ad percipiendam colendamque virtutem litteris adjuva rentur, nunquam se ad earum studium contulissent. Quod si non hic tantus fructus ostenderetur, et ex his

Ego multos homines excellenti animo ac virtute fu isse, et sine doctrina, naturæ ipsius habitu prope di vino per seipsos et moderatos, et graves exstitisse fa teor : etiam illud adjungo sæpius ad laudem atque virtutem naturam sine doctrina, quam sine natura va luisse doctrinam. Atque idem ego contendo, cum ad

IMPRIMERIE. FONDERIE. 1 2 3 4 5 6 7 8 9 0.

Tamen, hanc animi remissionem, humanissimam ac li beralissimam judicaretis. Nam cæteræ neque temporum sunt, neque ætatum omnium, neque locorum : hæc studia adolescentiam alunt, senectutem oblectant, secundas res or

Fonderie de P. Digney, rue de la Salle, 24. Saint-Germain-en-Laye

Paris. Typographie Henri Plon, rue Garancière, 8.

Ego multos homines excellenti animo ac virtute fuisse, et sine doctrina, naturæ ipsius habitu prope divino per seipsos et moderatos, et graves exstitisse fateor : etiam illud adjungo sæpius ad laudem atque virtutem naturam sine doctrina, quam sine natura valuisse doctrinam. Atque idem ego contendo, cum ad naturam eximiam atque illustrem accesserit ratio quædam conformatioque doctrinæ, tum illud nescio quid præclarum ac singulare solere existere. Ex hoc esse hunc numero, patres nostri viderunt, divinum hominem, Africanum : ex hoc C. Lælium, L. Furium, moderatissimos homines et continentissimos : ex hoc fortissimum virum, et illis temporibus doctissimum, M. Catonem illum senem, qui profecto, si nihil ad percipiendam colendamque virtutem litteris adjuvarentur, numquam se ad earum studium contulissent. Quod si non hic tantus fructus ostenderetur, et ex his studiis

Ego multos homines excellenti animo ac virtute fuisse, et sine doctrina, naturæ ipsius habitu prope divino per seipsos et moderatos, et graves exstitisse fateor : etiam illud adjungo sæpius ad laudem atque virtutem naturam sine doctrina, quam sine natura valuisse doctrinam. Atque idem ego contendo, cum ad

IMPRIMERIE. FONDERIE. 1 2 3 4 5 6 7 8 9 0.

Tamen, hanc animi remissionem, humanissimam ac liberalissimam judicaretis. Nam cæteræ neque temporum sunt, neque ætatum omnium, neque locorum : hæc studia adolescentiam alunt, senectutem oblectant, secundas res or

Fonderie de P. Digney, rue de la Salle, 24. Saint-Germain-en-Laye

Paris. Typographie [illegible] Plon, rue Garancière, 8.

www.ingramcontent.com/pod-product-compliance
Ingram Content Group UK Ltd.
Pitfield, Milton Keynes, MK11 3LW, UK
UKHW020944180726
13838UKWH00003B/1107